职业设计师岗位技能实训教育方案指定教材

Adobe Illustrator CS4 图形设计与制作技能基础教程

杨春浩　马增友　编著

科学出版社

内 容 简 介

本书特色鲜明，是提供给职业教育机构教学使用的实践与理论一体化的教材。本书以命令结合案例的方式讲解 Illustrator CS4 的各项功能与应用技巧，由浅入深地详细介绍了该软件的实用知识，内容包括图形与色彩，路径绘制工具，描摹图稿，图形的编辑，文字的应用，图层与蒙版的应用，画笔、符号与混合的应用，特殊效果与图表的应用，网格与封套扭曲等基础知识，其中也有针对高级专业知识的讲解，使读者能掌握处理各类矢量图形和位图图形的方法与技巧。

本书可作为应用型本科、高职高专院校平面设计、出版等相关专业 Illustrator 课程的基础教材，也可供初学者作为入门参考，还可供相关培训班使用。

图书在版编目（CIP）数据

Adobe Illustrator CS4 图形设计与制作技能基础教程/
杨春浩，马增友编著.—北京：科学出版社，2010.5
　ISBN 978-7-03-027374-1

Ⅰ.①A⋯ Ⅱ.①杨⋯ ②马⋯ Ⅲ.①图形软件，
Illustrator CS4—高等学校—教材 Ⅳ.①TP391.41

中国版本图书馆 CIP 数据核字（2010）第 076151 号

责任编辑：张　鑫　高　莹 / 责任校对：杨慧芳
责任印刷：新世纪书局　　 / 封面设计：彭琳君

科学出版社 出版
北京东黄城根北街 16 号
邮政编码：100717
http://www.sciencep.com

中国科学出版集团新世纪书局策划
北京市艺辉印刷有限公司印刷
中国科学出版集团新世纪书局发行　　各地新华书店经销

*

2010 年 5 月 第 一 版　　　　开本：16 开
2010 年 5 月第一次印刷　　　　印张：13.75
印数：1—3 000　　　　　　　　字数：334 000

定价：26.00 元（含 1CD 价格）
（如有印装质量问题，我社负责调换）

丛书编委会

编委会主席：张　勇

编委会副主席：陈　旭　方　玺

主编：赵鹏飞

副主编：马增友　何清超

编委：（按照姓氏字母顺序排位）

葛　彧	谷　岳	胡文学	纪春光	孔　维
马　静	牛　超	彭　麒	石　晶	宋　敏
王　静	王　强	王瑞红	韦　佚	杨春浩
杨大伟	严　磊	姚　莹	于佳岐	于俊丽
张洁清	张立筝	张　燕	赵　昕	钟星翔
周庆磊				

序 1

    Adobe公司作为全球最大的软件公司之一，自创建以来，从参与发起桌面出版革命，到提供主流创意软件工具，以其革命性的产品和技术，不断变革和改善着人们思想和交流的方式。今天，无论是在报刊、杂志、广告中看到的，抑或是从电影、电视及其他数字设备中体验到的，几乎所有的图像背后都打着Adobe软件的烙印。

    不仅如此，Adobe主张的富媒体互联网应用（Rich Internet Applications，RIA）以Flash、Flex等产品技术为代表，强调信息丰富的展现方式和用户多维的体验经历　已经成为这个网络信息时代的主旋律。随着像Photoshop、Flash等技术不断从专业应用领域　飞入寻常百姓家　，我们的世界将会更加精彩。

    Adobe中国教育认证计划　是Adobe中国公司面向国内教育市场实施的全方位的数字教育认证项目，旨在满足各个层面的专业教育机构和广大用户对Adobe创意及信息处理工具的教育和培训需求。启动10年来，Adobe公司与国内教育合作伙伴一起，成功地推进了Adobe软件技术在中国各个行业的技术普及，并为整个社会培养了大量的数字艺术人才。

    近年来，随着中国经济的不断发展，社会对人才的需求数量越来越多，对人才需求的水平也越来越高。国家也调整了教育结构，更加强调职业教育的地位，更加强调学生的实际工作能力的培养，并提出了　以就业为核心　、　以企业的需求为导向　是职业教育的根本出发点的基本思路。全国各级院校也在教育部的指导下，正在全面开展教育模式的改革，因此对教材也提出了新的要求。

    为了满足新形势下的教育需求，我们组织了由Adobe技术专家、资深教师、一线设计师以及出版社教材策划人员共同组成的教育专家组负责新模式教材的开发工作。教育专家组做了大量调研工作，走访了全国几十所高校，并与　智联招聘　一起对上百家招聘企业进行了针对性调研，在充分了解企业对招聘人才的核心要求与院校教育的实际特点的基础上，最终形成了一套完整的实训教育思路，并据此开发了　技能实训教材　和　技能基础教材　系列。本系列教材重在系统讲解由　软件技术、专业知识与工作流程　组成的三维知识体系，以帮助学生在掌握软件技能的同时，掌握一线工作需要的实际工作技能，达到企业招聘员工要求的就业水平。

    我们希望通过Adobe公司和Adobe中国教育计划的努力，不断提供更多更好的技术产品和教育产品，在推广Adobe软件技术的同时，也推行全新的教育理念，在教育改革中与大家一路同行，共同汇入创意中国腾飞的时代强音之中。

Adobe教育管理中心

北京易纸通慧咨询有限公司

CEO 张勇

（2009.9.1）

序 2

　　成立于1997年的智联招聘（www.zhaopin.com）是国内最早、最专业的人力资源服务商之一。智联招聘是拥有政府颁发的人才服务许可证和劳务派遣许可证的专业服务机构，面向大型公司和快速发展的中小企业，提供一站式专业人力资源服务，包括网络招聘、报纸招聘、校园招聘、猎头服务、招聘外包、企业培训以及人才测评等。自创建以来，已经为超过199万家客户提供了专业人力资源服务。智联招聘的客户遍及各行各业，尤其在IT、快速消费品、工业制造、医药保健、咨询及金融服务等领域拥有丰富的经验。

　　智联招聘总部位于北京，在上海、广州、深圳、天津、西安、成都、南京、杭州、武汉、长沙、苏州、沈阳、长春、大连、济南、青岛、郑州、哈尔滨、福州等城市设有分公司，业务遍及全国50多个城市。截至2009年7月，智联招聘网平均日浏览量为6500万，日均在线职位数达220万以上，简历库拥有26 800余万份简历，每日新增简历超过2万份。

　　每天有数以万计的人才因通过智联招聘找到工作而欣喜，同时诸多企业也为找到合适人才而欣慰。但是，作为人力资源服务平台工作人员的我们，在为招聘成功的企业与个人高兴的同时，也看到还有很多企业为找不到合格人才而苦恼，还有更多人士为找不到栖身之所而困苦。尤其让我们感到困扰的是，在大量高校毕业生找不到工作、毕业即失业的同时，很多企业更因为缺乏理想人才而导致诸多岗位缺员进而发展受阻。

　　问题出在哪儿呢？

　　还是教育模式的问题！中国的学历教育模式下培养的学生缺乏实际工作技能已经成为了社会的共识，而我们的工作所见则让我们感受更加深刻。

　　做好人力资源服务平台之外，我们还能再为社会做些什么呢？

　　利用我们的　实见　经验，为中国职业教育的改革做些实际的推进工作成为了我们的选择！这次，有幸与中国科学出版集团新世纪书局的编辑老师们一起开发职业技能实训教育方案，正好实现了我们的愿望。

　　我们与由厂商技术专家、资深教师、一线设计师以及出版社教材策划人员共同组成的教育专家组一起，针对智联招聘网上的招聘企业，按照行业所属与岗位类型进行了分类调研，把一些热门岗位的职业技能需求做了系统的分析与归纳，并在共同策划开发的　技能实训教材　和　技能基础教材　中得以体现，以帮助学员掌握企业所需要的核心技能，帮助学员能够顺利找到理想工作，同时也有利于企业更容易招聘到合格人才！

智联招聘副总裁

陈旭

前　言

高等教育课程体系中主要包含三类课程：理论课程、实训课程与理论实践一体化课程。针对这三类课程均有对应的教材体系。目前，高等院校中对于理论课程与实训课程的教材开发已经非常完善，而理论实践一体化的实训教材亟待开发。

通过我们对各类高等院校平面设计类专业学生就业情况的分析，发现普遍存在所学知识与就业岗位严重脱节的现象，使用的教材很难适应新形势下经济、科技发展和职场变化对技术应用型人才的要求。其实，高等教育教材建设是职业教育的重要环节，因此教材的开发要定位于综合职业能力与职业素质的培养，只有多方协作，才能开发出职业教育特征鲜明，特色明显的职业教育教学用教材，科学、实用的职业教育用教材开发已刻不容缓。

本书的开发以职业为导向，内容结构注重"理论实践一体化"，在编写过程中依据"明确目标—教学准备（分析问题、制定计划）—接受任务—行动实施—学习成果展示—项目验收"的工作过程系统化组织编写，重点培养读者的自学能力，使其"在学习的过程中工作，通过工作完成学习"，其载体是综合性的工作任务，以任务引领，确立一体化专业学习领域，并以实际岗位工作任务的相关技能训练为主线，链接相关的专业理论知识或技能要领，实现以实际工作任务引领，专业理论为技能训练服务的特色，具备了职业活动导向教材的特色。

通过对本书的学习，读者可以在很短的时间内掌握Illustrator CS4的核心内容，本书是以"学一个案例就掌握一种实用技巧"为原则，通过有侧重点的实例，由浅入深，循序渐进地帮助大家全面掌握Illustrator CS4的路径绘制工具（详见第3章）、描摹图稿（详见第4章）、图形的编辑（详见第5章）等实用技能。

本书的结构特点是，每章首页都对本单元应掌握的学习目标提出了明确的要求，强调需要了解、理解和掌握的重要知识。每章都配有一个综合案例，通过学习目的、重点难点、操作步骤详解等部分引导，以引起读者思考，在解决问题中学习知识，通过任务运用该章所学知识解决现实问题，积累经验，从而培养动手和解决问题的能力。每章最后安排了一组专项实例练习，对本章所讲述的知识进行练习巩固，并得以灵活应用，强化技能应用能力训练和自学能力训练。

本书共分为11章。第1章以理论和实际相结合的方法介绍了Illustrator CS4的基础知识，通过熟悉工作界面、控制视图、使用文档和辅助绘图工具等基础性的操作，快速进入Illustrator图形制作的精彩世界。第2～10章详细介绍了Illustrator CS4中的各项功能，内容主要包括图形与色彩，路径绘制工具，描摹图稿，图形的编辑，文字的应用，图层与蒙版的应用，画笔、符号与混合的应用，特殊效果与图表的应用，网格与封套扭曲等，这些知识点均以实例的方式展现，在实例的编排中，还插有提示与作者多年积累的经验等，这些是工作时容易出错的知识点和操作中的技巧。第11章是商业应用案例，对本书设计的知识点进行巩固、总结，以工作流程的方式介绍如何正确有效地将软件操作方法应用到实际的工作中。

　　本书既可作为应用型本科、高职高专院校平面设计、出版等相关专业Illustrator课程的教材，也可作为各层次学历教育和短期培训的教材。

　　本书由杨春浩、马增友编写。其中，第1～5章由马增友编写，第6～11章由杨春浩编写。

　　本书在编写过程中，得到了Adobe中国教育管理中心专家、北大方正软件技术学院网络传播与电子出版教研室的大力支持与帮助，同时王瑞红、姚莹参与教材图片搜集工作，在此对参与本书审校、编辑、设计与排版的全体工作人员表示衷心的感谢。

　　因编者水平有限，加之时间仓促，本书疏漏之处在所难免，敬请读者批评指正。

编　者

2010年4月

Chapter 01 初识 Illustrator CS4

Chapter 02 图形与色彩

Chapter 03 路径绘制工具

Chapter 04　描摹图稿

Chapter 05　图形的编辑

Chapter 06 文字的应用

Chapter 07 图层与蒙版的应用

Chapter 08　画笔、符号与混合的应用

Chapter 09 特殊效果与图表的应用

Chapter 10 网格与封套扭曲

Chapter 11 综合实例——宣传册设计

01

初识 Illustrator CS4

Adobe Illustrator CS4 是一个矢量绘图软件，它可以又快又准确地绘制出彩色或黑白图形，也可以设计出任意形状的特殊文字并置入图像中，其功能强大、界面设计简洁、风格与 Photoshop 衔接紧密，是图稿设计师、专业插画家、网页制作者和广大电脑美术爱好者首选的绘图软件之一。

学习目标：

- 了解 Illustrator CS4 应用软件的界面和浏览方法
- 掌握文件预置中各选项的含义

1.1 Illustrator CS4 基础知识

Illustrator CS4 提供了高效的用户工作区和用户界面，能够方便地为打印、Web 和移动设备创建和编辑图稿。

1.1.1 用户工作区

Illustrator CS4 的用户工作区由菜单栏、工具箱、状态栏、文档窗口、面板和工具选项栏等部分组成，可以通过这些元素来创建和处理文档或文件，如图 1.1 所示。

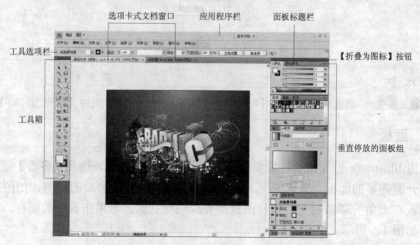

图 1.1　用户工作区概览

技 巧

若要隐藏或显示所有面板（包括工具箱和工具选项栏），则按【Tab】键。若要隐藏或显示所有面板（除工具箱和工具选项栏之外），则按【Shift+Tab】组合键。

1.1.2 工具箱

可以使用工具箱中的工具创建、选择和处理对象，当双击某些工具时，会出现更多的工具选项。这些工具包括文字工具以及用于选择、上色、绘制、取样、编辑和移动图像的工具，如图 1.2 所示。

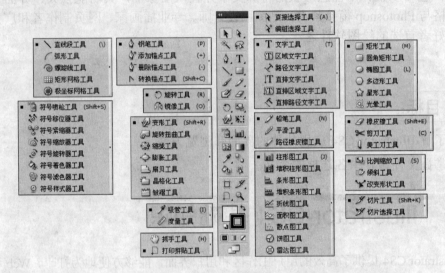

图 1.2 工具箱概览

选择工具箱中的某个工具时，如果工具右下角有一个小三角形，则单击该工具并按住鼠标左键不放可以查看隐藏工具，然后单击可选择隐藏工具，如图 1.3 所示。

图 1.3 选择隐藏工具

技 巧

若要隐藏工具提示，请选择【编辑】>【首选项】>【常规】命令，并取消选中【显示工具提示】复选框。

1.1.3 面板

使用 Illustrator 设计图稿时需要借助相应的面板才能完成，选择【窗口】菜单中的命令可以打开所需要的面板。默认情况下，面板都是成组停放在窗口的右侧，如图 1.4 所示。单击面板右上角的█按钮，可以将面板折叠成图标状态；若单击其中的图标，可以展开该面板，如图 1.5 所示。

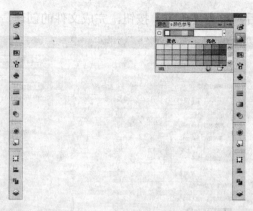

图 1.4　默认的面板　　　　　　图 1.5　面板切换为展开状态

注　意

在停放的面板组中，可以任意拖动面板名称处，调整它们的排列顺序。若将面板拖曳到文档窗口的空白处，则可将其分离出来成为浮动面板；如果将鼠标指针放在面板组标题栏右侧的空白处，单击并向外拖曳，则可以将该面板组拖出。

1.1.4　工具选项栏

工具选项栏会随着当前使用工具和所选对象的不同而变换内容，它集成了大部分面板的功能，为窗口提供了更多的可用空间。当选择工具箱中的【选择工具】后，工具选项栏中就会显示填充、描边和对象位置等选项，如图 1.6 所示。如果选择工具箱中的【文字工具】，则工具选项栏中就会显示字体、段落设置等选项，如图 1.7 所示。这样，用户在工具选项栏中就可以完成填充、描边、不透明度设置等操作，而不必打开相应的面板。

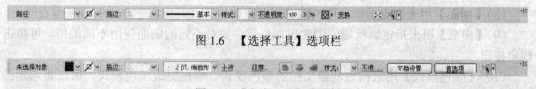

图 1.6　【选择工具】选项栏

图 1.7　【文字工具】选项栏

经　验

在工具选项栏中单击带有下划线的蓝色文字时，可以显示相关的面板或对话框，如单击【描边】文字，就可以显示【描边】面板。

1.2　基本操作

1.2.1　新建文档

在 Illustrator 中，用户可以从"欢迎屏幕"或【文件】菜单中使用多种方式新建文档。

1. 创建空白文档

选择【文件】>【新建】命令，打开【新建文档】对话框，然后设置其画板数量、大小、出血、颜色模式等参数后，单击【确定】按钮，完成文件的创建，如图 1.8 所示。

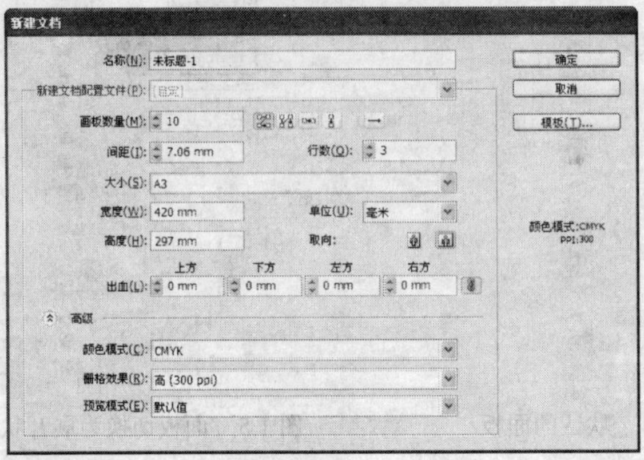

图 1.8 【新建文档】对话框

（1）【画板数量】表示可以在一个文档中创建包含多达 100 个不同尺寸画板的多页文件。

（2）【按行设置网格】表示可以在指定数目的行中排列多个画板，从【行数】中选择行数。如果采用默认值，则会使用指定数目的画板创建尽可能方正的外观。

（3）【按列设置网格】表示可以在指定数目的列中排列多个画板，从【列数】微调按钮中选择列数。如果采用默认值，则会使用指定数目的画板创建尽可能方正的外观。

（4）【按行排列】表示能将画板排列成一个直行。

（5）【按列排列】表示能将画板排列成一个直列。

（6）【更改为从右至左的版面】表示按指定的行或列格式排列多个画板，但按从右到左的顺序显示。

（7）【名称】是指在设计图稿时，可以先定义一个文件名称，养成良好的设计习惯。

（8）【间距】用来指定画板之间的默认间距，此设置同时应用于水平间距和垂直间距。

（9）【出血】用来指定画板每一侧的出血位置。要对不同的侧面使用不同的值，可单击锁定按钮。

（10）【颜色模式】用来指定新建文档的颜色模式。通过更改颜色模式，可以将选定的文档配置文件的默认内容（色板、画笔、符号、图形样式）转换为新的颜色模式，从而导致颜色发生变化。

（11）【栅格效果】用来为文档中的栅格效果指定分辨率。若以较高分辨率输出到高级打印机，需将此选项设置为"高"。默认情况下，配置文件将此选项设置为"高"。

（12）【预览模式】用来为文档设置默认预览模式（可随时使用【视图】菜单更改此选项）。

① 默认值，在矢量视图中以彩色显示在文档中创建的图稿。放大或缩小图稿时将保持曲线的平滑度。

② 像素，显示具有栅格化（像素化）外观的图稿。它不会实际对内容进行栅格化，而是显示模拟的预览，就像内容是栅格的一样。

③ 叠印，提供"油墨预览"，它模拟混合、透明和叠印在分色输出中的显示效果。

经 验

按【Ctrl+N】组合键，可以直接打开【新建文档】对话框。

2. 使用模板创建新文档

选择【文件】>【从模板新建】命令，打开【从模板新建】对话框，查找并选择模板，然后单击【新建】按钮，如图 1.9 所示。

图 1.9　【从模板新建】对话框

Illustrator 软件提供了许多模板，包括信纸、名片、信封、小册子、标签、证书、明信片、贺卡和网站等模板。通过【从模板新建】命令选择模板时，Illustrator 软件将根据模板的内容及设置创建一个新文档，但不会改变原始模板文件。

经　验

除了可以选择【文件】>【从模板新建】命令打开【从模板新建】对话框外，还可以选择【文件】>【新建】命令，在弹出的【新建文档】对话框中单击【模板】按钮；或者在"欢迎屏幕"中，单击【新建】列表中的【从模板】选项来打开该对话框。

3. 在"欢迎屏幕"中新建文档

运行 Illustrator 后，会弹出"欢迎屏幕"，在【新建】列表中可以选择创建文档的类型，如图 1.10 所示。

图 1.10　欢迎屏幕

如果不想每次运行Illustrator时都弹出"欢迎屏幕"，则可以选中其左下角的【不再显示】复选框；取消显示后若要显示"欢迎屏幕"，请选择【帮助】>【欢迎屏幕】命令。

1.2.2 打开与置入文件

若要打开一个现有的文件，则选择【文件】>【打开】命令，在弹出的【打开】对话框中找到需要打开的文件，然后单击【打开】按钮；若要打开最近存储的文件，可以从"欢迎屏幕"的【打开最近使用的项目】列表中选择该文件，或者选择【文件】>【最近打开的文件】命令并从其级联菜单中选择文件。如果要将其他程序创建的文件或者位图置入Illustrator中，可选择【文件】>【置入】命令，将其置入到当前的文件中。

技 巧

按【Ctrl+O】组合键，可以直接打开【打开】对话框。

1.2.3 保存文件

当在 Illustrator 中完成一个设计稿后，可以选择【文件】>【存储】命令保存文件，在弹出的【存储为】对话框中设置文件的名称、存储位置和保存格式等内容后，单击【保存】按钮完成其保存操作，如图 1.11 所示。

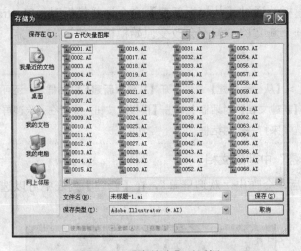

图 1.11 【存储为】对话框

如果要将文件以另一个名称、格式保存或者保存到其他位置，可以选择【文件】>【存储为】命令另存文件；如果要将文件保存为模板，可选择【文件】>【存储为模板】命令，当前文件的尺寸、颜色模式、辅助线、网格、字符与段落属性、画笔、符号、透明度和外观等都可以存储在模板中，Illustrator 将此类文件存储为 AIT（Adobe Illustrator 模板）格式。

技 巧

按【Ctrl+S】组合键，可以直接保存文件。

1.3 使用辅助工具

Illustrator 提供了多种辅助工具以保证设计工作的精度和效率，包括标尺、参考线、表格等。

1.3.1 标尺

标尺可以帮助准确定位和度量插图窗口或画板中的对象。每个标尺上显示"0"的位置称为标尺原点。选择【视图】>【显示标尺】或【隐藏标尺】命令即可显示或隐藏标尺；选择【视图】>【显示画板标尺】或【隐藏画板标尺】命令即可显示或隐藏画板标尺，如图1.12 所示。

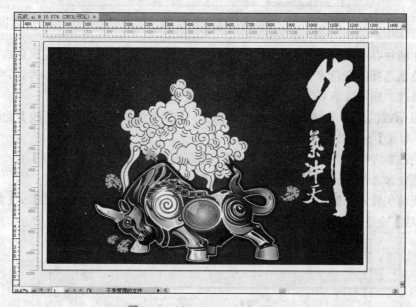

图 1.12   显示的标尺与画板标尺

标尺显示在插图窗口的顶部和左侧，默认标尺原点位于插图窗口的左下角；画板标尺显示在当前画板的顶部和左侧，默认画板标尺原点位于画板的左上角。

要想更改标尺的原点，可以将鼠标指针移到左上角（标尺在此处相交），然后单击并拖到所需的新标尺原点处。当进行标尺原点拖曳时，窗口和标尺中的十字线指示不断变化。若恢复默认标尺原点，直接双击左上角即可。

 经 验

按【Ctrl+R】组合键，可以显示或隐藏标尺；按【Ctrl+Alt+R】组合键，可以显示或隐藏画板标尺。

1.3.2 参考线

参考线可以帮助对齐文本和图形对象，在 Illustrator 中可以创建标尺参考线（垂直或水平的直线）和参考线对象（转换为参考线的矢量对象），参考线是不能打印出来的，如图1.13 所示。

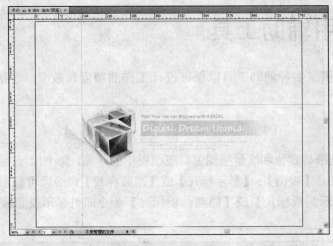

图 1.13　显示的参考线

可以在两种参考线样式（点和线）之间进行选择，并且可以使用预定义的参考线颜色或使用拾色器选择的颜色来更改参考线的颜色。默认情况下，不会锁定参考线，因此，可以移动、修改、删除或恢复它们，但也可以将它们锁定。

若要显示或隐藏参考线，可选择【视图】>【参考线】>【显示参考线】命令或【视图】>【参考线】>【隐藏参考线】命令。

若要更改参考线设置，可选择【编辑】>【首选项】>【参考线和网格】命令。

若要锁定参考线，可选择【视图】>【参考线】>【锁定参考线】命令。

如果要将矢量对象转换为参考线，可以选择矢量对象后再选择【视图】>【参考线】>【建立参考线】命令，如图 1.14 所示。

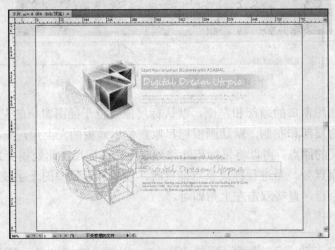

图 1.14　将矢量对象转换为参考线

技 巧

在创建参考线时，如果未显示标尺，可选择【视图】>【显示标尺】命令。按【Ctrl+；】组合键，可以显示或隐藏参考线；按【Ctrl+Alt+；】组合键，可以锁定参考线；按【Ctrl+5】组合键，可以建立参考线；按【Ctrl+Alt+5】组合键，可以取消参考线锁定。

1.3.3 网格

网格显示在插图窗口中的图稿后面，它也是不能打印出来的。要使用或隐藏网格，选择【视图】>【显示网格】或【视图】>【隐藏网格】命令，如图 1.15 所示。若将对象对齐到网格线，选择【视图】>【对齐网格】命令，再选择要移动的对象，并拖曳到所需位置，当对象的边界在网格线的两个像素之内，它会自动对齐。

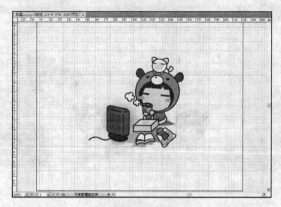

图 1.15　显示的网格

1.4　画板

多画板应用是 Illustrator CS4 的新增功能，用户可以使用多个画板来创建各种内容，如多页 PDF、大小或元素不同的打印页面、网站的独立元素、视频故事板以及组成 Adobe Flash 或 After Effects 中的动画的各个项目。

1.4.1 使用多个画板的技巧

根据文档大小的不同，每个文档可以创建 1～100 个画板。用户可以在最初创建文档时指定文档的画板数，在处理文档的过程中也可以随时添加和删除画板。用户可以创建大小不同的画板，调整画板大小，并且可以将画板放在窗口的任何位置，甚至可以让它们彼此重叠，如图 1.16 所示。

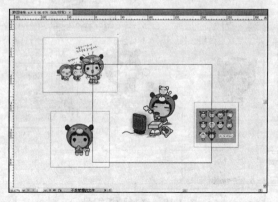

图 1.16　多画板应用

1.4.2 查看画板和画布

选择【视图】>【显示打印拼贴】命令可以显示打印拼贴，来查看与画板相关的页面边界。当打印拼贴开启后，会通过窗口最外边缘和页面的可打印区域之间的一系列实线和虚线来表示可打印和打印不出的区域，如图 1.17 所示。

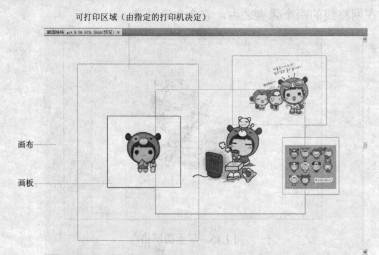

图 1.17 显示打印拼贴

每个画板都由实线定界，表示最大可打印区域。若隐藏画板边界，选择【视图】>【隐藏画板】命令。画布是画板外部的区域，它扩展到窗口的边缘。画布是指在将图稿的元素添加到画板上之前，用户可以在其中创建、编辑和存储这些元素的空间。放置在画布上的对象在屏幕上是可见的，但不会将它们打印出来。

若居中画板并缩放以适合窗口，可以单击状态栏（位于应用程序窗口底部）中的画板编号，如图 1.18 所示。

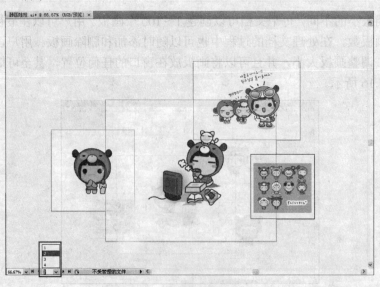

图 1.18 选择画板编号

1.4.3 画板选项

如果要调整已经设置完成的画板,可以通过打开【画板选项】对话框来更改。打开该对话框的方法是双击工具箱中的【画板工具】,或者单击工具箱中的【画板工具】,然后单击该工具选项栏中的【画板选项】按钮,在弹出的【画板选项】对话框中进行相应的设置,如图 1.19 所示。【画板选项】对话框中各选项的含义如下。

图 1.19 【画板选项】对话框

(1)【预设】指定画板尺寸,这些预设为输出设置了相应的标尺像素长宽比。

(2)【宽度】和【高度】指定画板大小。

(3)【方向】指定横向或纵向页面方向。

(4)若选中【约束比例】复选框,当手动调整画板大小时,则保持画板长宽比不变。

(5)【X】和【Y】指根据 Illustrator 工作区标尺来指定画板位置。若要查看这些标尺,可选择【视图】>【显示标尺】。

(6)若选中【显示中心标记】复选框,则在画板中心显示一个点。

(7)若选中【显示十字线】复选框,则显示通过画板每条边中心的十字线。

(8)若选中【显示视频安全区域】复选框,则显示参考线,这些参考线表示位于可查看的视频的区域,需要将用户必须能够查看的所有文本和图稿都放在视频安全区域内。

(9)【标尺像素长宽比】指定用于画板标尺的像素长宽比例。

(10)若选中【渐隐画板之外的区域】复选框,则当画板工具处于选中状态时,显示的画板之外的区域比画板内的区域暗。

(11)若选中【拖动时更新】复选框,则在拖曳画板调整其大小时,使画板之外的区域变暗。如果未选中此复选框,则在调整画板大小时,画板外部区域与内部区域显示的颜色相同。

(12)【画板】显示存在的画板数。

1.4.4 创建画板

如果要在现有文件中创建画板,可选择工具箱中的【画板工具】,并在工作区内拖曳以定义形状、大小和位置;要复制现有画板,选择工具箱中的【画板工具】后,按住【Alt】键的同时拖曳要复制的画板即可。

若确认该画板并退出画板编辑模式,单击工具箱面板中的其他工具或按【Esc】键。

1.4.5 编辑或删除画板

当定义了多个画板时,可以通过选择工具箱中的【画板工具】来查看所有画板;也可以随时编辑或删除画板,并且可以在每次打印或导出时指定不同的画板。在使用多个画板时,每次只能有一个画板处于现用状态,但每个画板都进行了编号以便用户选择。

当选择工具箱中的【画板工具】时,其选项栏就会显示纵向、横向、新建画板、删除画板、移动/复制带画板的图稿、显示中心标记等内容，如图 1.20 所示。

| 画板 | 预设：自定 | ▼ | X: 229.66 mm | Y: 125.21 mm | 宽 83.45 mm | 高 62.88 mm |

图 1.20 【画板工具】选项栏

选择工具箱中的【画板工具】后，可以执行以下任意的操作。

（1）若调整画板大小，可将鼠标指针放在画板的边缘或角上，当指针变为双向箭头时，通过拖曳鼠标进行调整，或者在该工具的选项栏中输入新的【宽度】和【高度】值。

（2）若移动画板及其内容，单击该工具选项栏上的【移动/复制带画板的图稿】按钮，然后将指针放置在画板中并拖曳鼠标，或者在该工具选项栏中输入新的【X】和【Y】值。

（3）若移动画板但不移动其内容，则取消选择该工具选项栏上的【移动/复制带画板的图稿】按钮，然后将鼠标指针放置在画板中并拖曳鼠标，或者在该工具选项栏中输入新的【X】和【Y】值。

（4）若删除画板，则单击此画板，然后按【Delete】键，或者单击该工具选项栏中的【删除】按钮。

（5）若以轮廓模式查看画板及其内容，则右击画板，然后在弹出的快捷菜单中选择【轮廓】命令；要重新查看图稿，则右击画板，然后在弹出的快捷菜单中选择【预览】命令。

1.5 习题

1．创建只有一个页面的文档，然后在现有画板中增加 5 个画板，任意调整 5 个画板的位置后满屏显示画板 3 并更改其标尺的原点。

知识要点提示：

（1）新建文件可直接按【Ctrl+N】组合键，培养使用快捷键工作的习惯。

（2）熟练掌握工具箱中的【画板工具】，此工具在未来的工作中是应用最广泛的。

（3）按【Ctrl+R】组合键显示标尺，要居中某一画板并缩放以适合窗口，可以单击状态栏（位于应用程序窗口底部）中的画板编号。

2．商业银行新开通一个对外业务，需要制作 3 款不同的宣传单页，客户要求先设定一个标准的尺寸。

知识要点提示：

（1）新建文件可直接按【Ctrl+N】组合键，创建一个包含 3 个画板的文档。

（2）设定尺寸前可以参考其他宣传单的规格。

（3）为了让客户有选择的空间，可以多设定几个规格的文档，然后进行阐述。

Chapter

02 图形与色彩

矢量图形由矢量定义的直线和曲线组成，任意移动、缩放或更改颜色都不会损失图形的品质。因为它与分辨率无关，可以将其缩放到任意大小在输出设置上打印出来，都不会影响清晰度，它是文字（尤其是小字）和线条图形（如徽标）的最佳选择。处理矢量图形颜色时，应着眼于发布图稿的最终媒体，以便能够使用正确的颜色模式和颜色定义。

学习目标：

◈ 了解图形的含义
◈ 理解色彩的重要性
◈ 掌握图形的基本绘制方法

2.1 绘制基本图形

很多优秀的平面设计作品都可以在 Illustrator 中设计完成。虽然有些作品是由很多复杂的图形组合而成，但在 Illustrator 中，这些复杂的图形都是由简单的对象构成的，如图 2.1 所示。

图 2.1 商务地产设计作品

2.1.1 基本绘图工具

在 Illustrator 中，绘制基本图形的工具包括钢笔、直线段、矩形、画笔、铅笔和斑点画笔等工具，如图 2.2 所示，基本绘图工具介绍如下。

钢笔工具
直线段工具　　　　　　　矩形工具
画笔工具　　　　　　　　铅笔工具
斑点画笔工具

图 2.2　基本绘图工具

（1）使用【钢笔工具】可以绘制直线段、曲线等矢量图形。

（2）当需要一次绘制一条直线段时可以使用【直线段工具】。

（3）使用【矩形工具】可以绘制任意封闭的矢量图形。

（4）【画笔工具】用法与【钢笔工具】相似，但比使用【钢笔工具】绘制线条更自由。

（5）【铅笔工具】可用于绘制开放路径和闭合路径，就像用铅笔在纸上绘图一样。

（6）使用【斑点画笔工具】能够实现自然的素描，它可以将描边转换为单个填充对象。

当绘制一个基本图形的时候，可以选择工具箱中的【矩形工具】，然后单击并拖曳鼠标就可以创建一个图形；单击画板空白处则会弹出【矩形】对话框，在对话框中可以精确设置有关的选项来完成需要的图形，如图 2.3 所示。

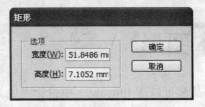

图 2.3　【矩形】对话框

技巧

按【M】键可以直接选择工具箱中的【矩形工具】，按住【Shift】键单击并拖曳鼠标可以直接绘制正方形；按【L】键可以直接选择工具箱中的【椭圆工具】，按住【Shift】键单击并拖曳鼠标可以直接绘制正圆。

2.1.2 创建矩形网格

选择工具箱中的【矩形网格工具】，单击并拖曳鼠标可以创建所需大小的网格；单击画板空白处则会弹出【矩形网格工具选项】对话框，单击参考点定位器上的一个按钮以确定绘制网格的起始点。然后设置其中的【宽度】或【高度】等参数，并单击【确定】按钮，如图 2.4 所示。【矩形网格工具选项】对话框中的选项介绍如下。

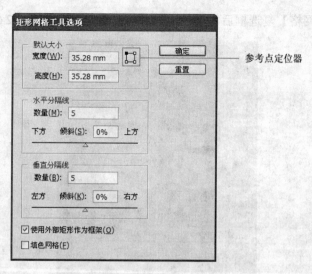

图 2.4 【矩形网格工具选项】对话框

（1）【默认大小】是指定整个网格的宽度和高度。

（2）【水平分隔线】是指在网格顶部和底部之间出现的水平分隔线数量，【倾斜】值决定水平分隔线倾向网格顶部或底部的角度。

（3）【垂直分隔线】是指在网格左侧和右侧之间出现的垂直分隔线数量，【倾斜】值决定垂直分隔线倾向网格左侧或右侧的角度。

（4）【使用外部矩形作为框架】复选框是以单独矩形对象替换顶部、底部、左侧和右侧线段。

（5）【填色网格】复选框是以当前填充颜色填色网格（否则填色设置为无）。

当选中【使用外部形作为框架】复选框后，可以用单独矩形对象替换顶部、底部、左侧和右侧线段，如图 2.5 所示。

图 2.5 选中【使用外部形作为框架】复选框后绘制的网格

当选中【填色网格】复选框后，可使用当前颜色填充网格，如图 2.6 所示。

图 2.6　选中【填色网格】复选框后填色的网格

2.1.3　创建极坐标网格

选择工具箱中的【极坐标网格工具】，单击并拖曳鼠标可以创建所需大小的网格；单击画板空白处则会弹出【极坐标网格工具选项】对话框，单击参考点定位器上的一个按钮以确定绘制网格的起始点，然后设置其中的【宽度】或【高度】等参数，并单击【确定】按钮，如图 2.7 所示。【极坐标网格工具选项】对话框中的选项介绍如下。

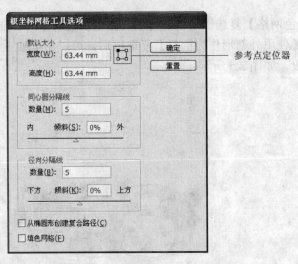

图 2.7　【极坐标网格工具选项】对话框

（1）【默认大小】是指定整个网格的宽度和高度。

（2）【同心圆分隔线】是指出现在网格中的圆形同心圆分隔线数量，【倾斜】值决定同心圆分隔线倾向于网格内侧或外侧的方式。

（3）【径向分隔线】是指在网格中心和外围之间出现的径向分隔线数量，【倾斜】值决定径向分隔线倾向于网格逆时针或顺时针的角度。

（4）【从椭圆形创建复合路径】复选框是将同心圆转换为独立复合路径并每隔一个圆填色。

（5）【填色网格】复选框是以当前填充颜色填色网格（否则填色设置为无）。

当【同心圆分隔线】选项中的【倾斜】数值为0%时，同心圆的间距相等；该值大于0%时，同心圆向边缘靠拢；小于0%时，同心圆向中心靠拢，如图2.8、图2.9和图2.10所示。

 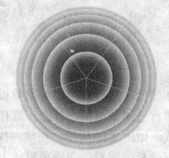 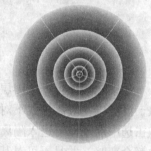

图2.8　同心圆分隔线倾斜0%　　　图2.9　同心圆分隔线倾斜50%　　　图2.10　同心圆分隔线倾斜-50%

当【径向分隔线】选项中的【倾斜】数值为0%时，分割线的间距相等；该值大于0%时，分割线会逐渐向逆时针方向靠拢；小于0%时，分割线会逐渐向顺时针方向靠拢，如图2.11、图2.12和图2.13所示。

  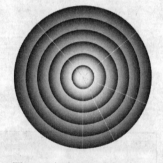

图2.11　径向分隔线倾斜0%　　　图2.12　径向分隔线倾斜50%　　　图2.13　径向分隔线倾斜-50%

 注　意

如果选中【从椭圆形创建复合路径】复选框，可以将同心圆转换为独立的复合路径，并每隔一个圆填色。

2.2 对象的基本操作

熟练掌握 Illustrator CS4 设计软件，首先要能准确地使用选择、移动、复制等工具编辑对象。

2.2.1 选择、移动与删除对象

当编辑设计稿中某一部分的时候，需要将其与周围的对象区分，这时只需选择修改对

象，即可加以区分并对其进行编辑。

　　工具箱中的【选择工具】是最常用的工具，可以通过单击对象或单击并拖曳一个矩形框圈选对象进行选定，如图 2.14 所示。选中对象后，拖曳鼠标可以移动对象；按【Delete】键可删除所选对象；单击画面空白处即可取消选择。

图 2.14　被选中的对象

　　如果想快速将一个图层、子图层、路径或一组对象与设计稿中的其他所有图稿隔离开来，就可以在隔离模式下对其进行选择或编辑。首先，选择工具箱中的【选择工具】后，双击选中对象即可进入隔离模式，如图 2.15 所示。在隔离模式下，设计稿中所有隔离的对象都会变暗，并且不可对其进行选择或编辑；在隔离模式下编辑完后双击面板空白处即可退出隔离模式。

　　也可以选择【图层】面板中的某一图层，然后在【图层】面板菜单中选择【进入隔离模式】命令进入隔离模式，如图 2.16 所示。

图 2.15　隔离模式下的选择编辑对象　　　　图 2.16　【图层】面板和菜单

在编辑设计稿时，如果需要改变具有相同或相似属性的所有对象时，可以使用工具箱中的【魔棒工具】，使用【魔棒工具】在一个填充对象上单击，就可以选中所有填充该颜色的对象。双击工具箱中的【魔棒工具】或选择【窗口】>【魔棒】命令即可打开【魔棒】面板，如图 2.17 所示。如果要根据对象的填充颜色选择对象，选中【填充颜色】复选框，然后输入【容差】值，值越低，所选的对象与单击的对象就越相似；反之所选的对象所具有的属性范围就越广。

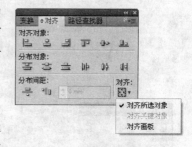

图 2.17　【魔棒】面板

【魔棒】面板中的【描边颜色】、【描边粗细】、【不透明度】和【混合模式】4 个复选项的【容差】值设置与【填充颜色】复选框的设置方法相同。

注　意

选择工具箱中的【选择工具】后，按住【Shift】键单击其他对象，可添加多个选择对象，再次单击被选中的对象即可取消选中；按住【Shift】键用鼠标拖曳对象可以沿水平、垂直或45°角方向移动。

2.2.2　对齐和分布对象

使用 Illustrator CS4 软件进行设计时，【对齐】面板中的对齐和分布功能是经常使用的，如图 2.18 所示。用户可以使用对象边缘或锚点作为参考点，并且可以对齐所选对象、画板或关键对象。

1．相对于所有选定对象的对齐或分布

如果需要对齐设计稿中两个或两个以上的对象，则选择工具箱中的【选择工具】，选中要对齐的对象，然后在【对齐】面板中单击对齐或分布选项中所对应的按钮，如图 2.19 所示。

图 2.18　【对齐】面板

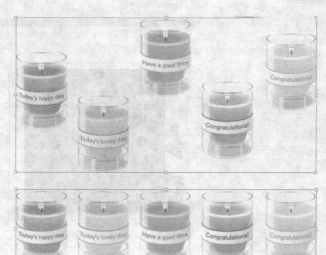

图 2.19　对齐后的效果

2．相对于关键对象对齐或分布

当将所有选中对象与指定关键对象对齐时，就要使用工具箱中的【选择工具】，首先选择两个或两个以上需要对齐或分布的对象，然后再次单击选中作关键对象的对象，这时关键对象周围出现一个轮廓，最后在【对齐】面板中单击对齐或分布选项中所对应的按钮即可，如图2.20所示。

3．相对于画板对齐或分布

若将一个图形元素与画板对齐，就要使用工具箱中的【选择工具】来选择一个或一个以上需要对齐或分布的对象（分布需要选择两个或两个以上的对象），在【对齐】面板中选择【对齐画板】命令，然后单击对齐或分布选项中对应的按钮，如图2.21所示。

图 2.20　使用关键对象对齐后的效果

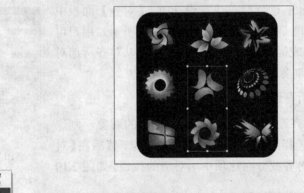

图 2.21　使用对齐画板对齐后的效果

4．按照特定间距量分布对象

设计稿中需要精确距离分布对象时，就要使用工具箱中的【选择工具】，首先单击要在其周围分布的其他对象，单击选中的对象将在原位置保留不动，然后在【对齐】面板中的【分布间距】文本框中输入对象之间的间距量（如果未显示【分布间距】选项，可从面板菜单中选中【显示选项】复选框），最后单击【垂直分布间距】按钮或【水平分布间距】按钮即可，如图 2.22 所示。

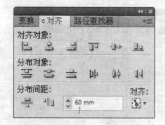

图 2.22　使用特定间距量分布对象的效果

经　验

默认情况下，Illustrator CS4会根据对象路径计算对象的对齐和分布情况。但当处理具有不同描边粗细的对象时，可以改为使用描边边缘来计算对象的对齐和分布，若要执行此操作，从【对齐】面板菜单中选择【使用预览边界】命令。

2.2.3　更改对象的堆叠顺序

在 Illustrator CS4 中绘制图形时，第一个图形对象位于最下方，以后创建的图形对象按顺序堆叠在其上面，对象的堆叠方式将决定其重叠时如何显示。如果要调整图形的堆叠顺序，可以选中图形，然后选择【对象】>【排列】命令，更改画板中对象的堆叠顺序，如图 2.23 所示。

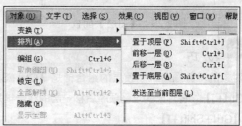

图 2.23　更改图形的堆叠顺序

在【对象】>【排列】命令中有一个【发送至当前图层】命令，当使用工具箱中的【选择工具】选定对象后，再单击【图层】面板中的一个图层，然后选择该命令，就可以将所选的对象移动到该图层中，如图 2.24 所示。

图 2.24 　【发送至当前图层】命令效果

除了使用【对象】>【排列】命令更改画板中对象的堆叠顺序外，还可以使用【图层】面板来更改。对象的堆叠顺序对应于【图层】面板中的项目层次结构。位于【图层】面板顶部的图稿在堆叠顺序中位于上方，而位于【图层】面板底部的图稿在堆叠顺序中位于下方。同一图层中的对象也是按结构进行堆叠的，如图 2.25 所示。

在【图层】面板中更改对象的堆叠顺序时，单击并拖曳该图层，在黑色的插入标记出现在期望位置时，释放鼠标按钮即可，如图 2.26 所示。

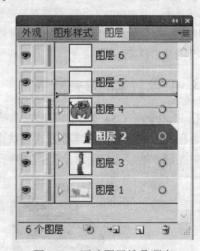

图 2.25 　【图层】面板　　　　　　图 2.26 　更改图层堆叠顺序

 技 巧

将对象的堆叠顺序置于顶层的组合键是【Ctrl+Shift+】】；将对象的堆叠顺序前移一层的组合键是【Ctrl+】】；将对象的堆叠顺序后移一层的组合键是【Ctrl+【】；将对象的堆叠顺序置于底层的组合键是【Ctrl+Shift+【】。

2.2.4 编组对象

在 Illustrator CS4 中，一个完整的设计稿会包含很多图形，在选择时为了不影响其他对象的相对位置，可以将多个对象编为一组，在对它们进行移动、旋转和缩放等编辑操作时，它们会一起变化。

选择要编组的对象时，先选择工具箱中的【选择工具】选定编组对象，然后选择【对象】>【编组】命令即可将其编为一组，如图 2.27 所示。

图 2.27　编组后的对象

注 意

编组对象的组合键是【Ctrl+G】；取消编组对象的组合键是【Ctrl+Shift+G】，对于包含多个组的编组对象，则需要多次按下该组合键才能取消所有的编组。编组操作可能会更改对象的图层分布及其在给定图层上的堆叠顺序，如果选择位于不同图层中的对象并将其编组，这些对象被编辑到最靠前的图层中。

2.2.5 扩展对象

扩展对象可用来将单一对象分割为若干个对象，这些对象共同组成其外观。例如，一个具有实色填色和描边的 Logo，这时，填色和描边就会变为离散的对象，如图 2.28 所示。

图 2.28　扩展前后的对比

通常设计完成的效果图在打印透明度效果、3D 对象、图案、渐变、描边、混合、光晕、封套或符号时会遇到困难，这时扩展功能就能大显身手。选择工具箱中的【选择工具】选定扩展对象后，选择【对象】>【扩展】命令，如果对象应用了外观属性，则【扩展】命令将变暗。在这种情况下，选择【对象】>【扩展外观】命令，然后再选择【对象】>【扩展】命令，设置选项后，单击【确定】按钮，如图 2.29 所示。【扩展】对话框中的选项介绍如下。

图 2.29 "扩展"对话框

（1）【对象】复选框控制是扩展复杂对象，包括实时混合、封套、符号组和光晕等。

（2）【填充】复选框控制扩展填色。

（3）【描边】复选框控制扩展描边。

（4）【渐变网格】单选按钮控制渐变扩展为单一的网格对象。

（5）【指定】单选按钮控制渐变扩展为指定数量的对象。数量越多越有助于保持平滑的颜色过渡；数量较低则可创建条形色带外观。

2.3 填充与描边

2.3.1 填充与描边选项

在 Illustrator CS4 中有两种上色方法，一种是为整个路径内部填充颜色、图案或渐变；另一种是将路径设置为可见的轮廓，即描边。描边可以具有宽度、颜色和虚线样式，也可以使用画笔进行描边。工具箱中包含一组填充和描边设置选项，创建路径或形状后，可以随时修改它的填充和描边，如图 2.30 所示。

在为对象设置填充或描边时，首先选择工具箱中的【选择工具】选择对象，然后在工具箱中单击填充或描边按钮，将其设置为当前编辑状态后再进行操作，如图 2.31 所示。

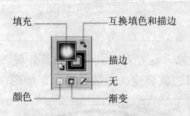

图 2.30 填色和描边按钮

图 2.31 填色和描边后的图像

 注 意

单击【填色】和【描边】按钮可将对象的填充和描边颜色设置为系统默认的颜色（黑色描边、白色填充）；单击【互换填色和描边】按钮可切换填充和描边的内容；单击【无】按钮可将对象的【填色】或【描边】设置为无颜色；单击【渐变】按钮可以使用渐变进行填充。

2.3.2 【描边】面板

　　【描边】面板可用来指定线条是实线还是虚线；指定虚线次序、描边粗细、描边对齐方式、斜接限制以及线条连接和线条端点的样式。选择【窗口】>【描边】命令，即可打开【描边】面板，如图 2.32 所示，【描边】面板中的选项介绍如下。

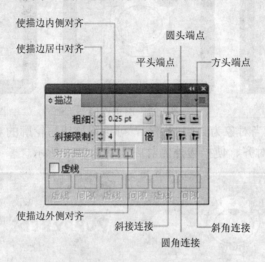

图 2.32 　【描边】面板

　　（1）【粗细】是用来设置描边的粗细，该值为 0pt 时对象无描边；该值越高描边越粗。

　　（2）【平头端点】是用于创建具有方形端点的描边线，如图 2.33 所示。

　　（3）【圆头端点】是用于创建具有半圆形端点的描边线，如图 2.34 所示。

图 2.33　平头端点　　　　　　　　　　　　图 2.34　圆头端点

　　（4）【方头端点】是用于创建具有方形端点且在线段端点之外延伸出线条宽度的一半的描边线，此选项使线段沿各方向均匀延伸出去，如图 2.35 所示。

图 2.35　方头端点

　　（5）【斜接连接】是创建具有点式拐角的描边线，斜接限制数值介于 1～500 之间。斜接限制值可以控制程序在何种情形下由斜接连接切换成斜角连接。默认斜接限制为 4，这意味着当点的长度达到描边粗细的 4 倍时，程序将从斜接连接切换到斜角连接。如果斜接限制为 1，则直接生成斜角连接，如图 2.36 所示。

（6）【圆角连接】是用于创建具有圆形拐角的描边线，如图 2.37 所示。

（7）【斜角连接】是用于创建具有方形拐角的描边线，如图 2.38 所示。

图 2.36　斜接连接　　　　　　　　图 2.37　圆角连接　　　　　　　　图 2.38　斜角连接

（8）【对齐描边】是当对象为封闭的路径，可设置描边与轮廓的对齐方式，包括使描边居中对齐、使描边内侧对齐、使描边外侧对齐，如图 2.39 所示。

使描边居中对齐

使描边内侧对齐

使描边外侧对齐

图 2.39　对齐描边的 3 种方式

（9）【虚线】是可以通过编辑对象的描边属性来创建一条点线或虚线，勾选【描边】面板上的【虚线】选项后，可在【虚线】文本框中设置虚线线段的长度，在【间隙】文本框中设置虚线线段间距的长度，如图 2.40 所示。

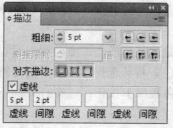

图 2.40 描边虚线设置

2.4 设置颜色

用户可以通过使用 Illustrator CS4 中的各种工具、面板和对话框为设计稿设置颜色，颜色的选择取决于设计稿的要求。例如，如果希望使用公司认可的特定颜色，则可以从公司 VI 手册中的色板库中选择颜色。如果希望颜色与其他图稿中的颜色匹配，则可以使用吸管或拾色器选取并输入准确的颜色值。

2.4.1 【色板】面板

使用【色板】面板可以控制所有文档的颜色、渐变和图案。可以命名和存储任意新建颜色以用于快速访问。当选择对象的填充或描边包含从【色板】面板应用的颜色、渐变、图案或色调时，所应用的色板将在【色板】面板中突出显示，如图 2.41 所示。

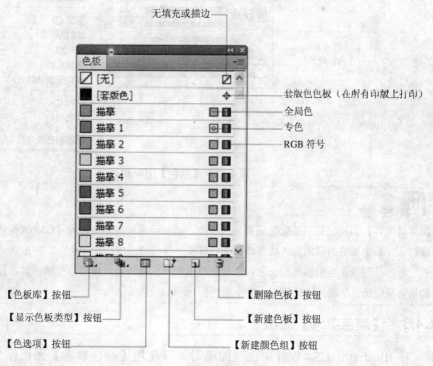

图 2.41 【色板】面板

（1）印刷色是使用 4 种标准的印刷色油墨（青色、洋红色、黄色和黑色）组合成的颜色；专色是预先混合的用于代替或补充 CMYK 4 色油墨的特殊油墨，如金属色、荧光色和霓虹色等。

（2）颜色组是为某些操作需要而预先设置的一组颜色，如果要创建颜色组，可以按住【Ctrl】键单击颜色，将其选择，然后单击【新建颜色组】按钮。

（3）单击【色板库】按钮可以在打开的下拉列表中选择一个系统预设的色板库，包括图案、渐变、印刷色、Web 等。

（4）单击【新建色板】按钮可在打开的对话框中创建一个新的色板。在【色板】面板中选择一种颜色后，单击【删除色板】按钮可将其删除。

经　验
双击【色板】面板中的任意一种颜色都可以打开【色板选项】对话框。

2.4.2 【颜色】面板

可以使用【颜色】面板将颜色应用于对象的填充或描边，还可以编辑和混合颜色。【颜色】面板可使用不同颜色模式显示颜色值。默认情况下，【颜色】面板中只显示最常用的选项，如图 2.42 所示。

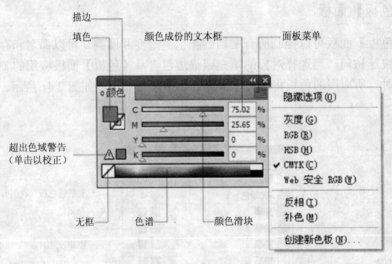

图 2.42　【颜色】面板和菜单

经　验
如果【颜色】面板出现"超出色域警告"标志，就表示当前的颜色超出了CMYK颜色范围，不能被准确打印，单击警告右侧的颜色块可将该颜色替换为系统给出的校正颜色；如果出现"超出Web颜色警告"标志，则表示当前颜色超出了Web颜色范围，不能在网上正确显示，单击其右侧的颜色块可将其替换为系统给出的最为接近的Web安全颜色。

2.4.3 【颜色参考】面板

在 Illustrator CS4 软件中创建图稿时，可使用【颜色参考】面板作为激发颜色灵感的工具。【颜色参考】面板会基于工具箱中的当前颜色建议协调颜色。可以使用这些颜色对图稿进行着色，或在【颜色参考】面板的下拉菜单中选择【编辑颜色】命令，在弹出的对话框中对其进行编辑，也可以将其存储为【色板】面板中的色板或色板组，如图2.43所示。

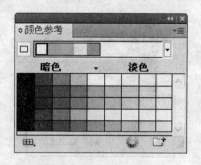

图 2.43 【颜色参考】面板

1. 指定在面板中显示颜色变化的类型

可以从【颜色参考】面板菜单中发现很多命令，如【显示淡色/暗色】、【显示冷色/暖色】、【显示亮光/暗光】命令，如图2.44所示。

【显示淡色/暗色】命令是对左侧的变化添加黑色，对右侧的变化添加白色，如图 2.45所示。

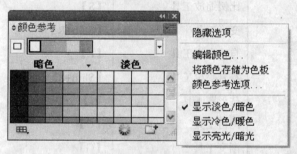 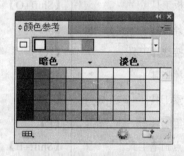

图 2.44 【颜色参考】面板和菜单   图 2.45 显示淡色/暗色

【显示冷色/暖色】命令是对左侧的变化添加红色，对右侧的变化添加蓝色，如图 2.46所示。

【显示亮光/暗光】命令是减少左侧的变化中的灰色饱和度，并增加右侧的变化中的灰色饱和度，如图2.47所示。

图 2.46 显示冷色/暖色   图 2.47 显示亮光/暗光

2．指定在面板中显示的颜色变化的数目和范围

如果需要选择每种颜色的6种较深的暗色和6种较浅的淡色，可以从【颜色参考】面板菜单中选择【颜色参考选项】命令，然后在【变化选项】对话框中选择显示的颜色数目，如图2.48所示。

图 2.48　【变化选项】对话框

2.5 常用工具的快捷键和组合键

工具名称	快捷键和组合键	工具名称	快捷键和组合键
画板工具	【Shift+O】	比例缩放工具	【S】
选择工具	【V】	变形工具	【Shift+R】
直接选择工具	【A】	自由变换工具	【E】
魔棒工具	【Y】	符号喷枪工具	【Shift+S】
套索工具	【Q】	柱形图工具	【J】
钢笔工具	【P】	网格工具	【U】
斑点画笔工具	【Shift+B】	渐变工具	【G】
添加锚点工具	【+】	吸管工具	【I】
删除锚点工具	【−】	混合工具	【W】
转换锚点工具	【Shift+C】	实时上色工具	【K】
文字工具	【T】	实时上色选择工具	【Shift+L】
直线段工具	【\】	裁减区域工具	【Shift+O】
矩形工具	【M】	切片工具	【Shift+K】
椭圆工具	【L】	橡皮擦工具	【Shift+E】
画笔工具	【B】	剪刀工具	【C】
铅笔工具	【N】	抓手工具	【H】
旋转工具	【R】	缩放工具	【Z】
镜像工具	【O】	由斑点画笔工具切换到平滑工具	【Alt】

2.6 综合案例——海报设计

🔸 **学习目的：**

在本案例中，将通过使用圆形、多边形、选择、直接选择等工具制作一个宣传海报。

🔸 **重点难点：**

❖ 快捷键和组合键的使用

❖ 基本图形工具的综合使用方法

制作一个宣传海报，最终效果如图 2.49 所示。在这个设计图中，利用不规则的图形和圆相结合，体现设计的多元性。

图 2.49　宣传海报

1. 绘制背景

01 选择【文件】>【新建】命令（组合键【Ctrl+N】），弹出【新建文档】对话框，设定【宽度】和【高度】为 380mm，【颜色模式】为 CMYK，单击【确定】按钮，如图 2.50 所示。

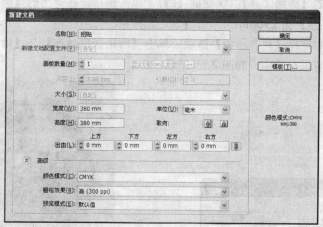

图 2.50　【新建文档】对话框

02 选择【颜色】面板，设置【填色】颜色为（C0,M65,Y100,K0），设置【描边】颜色为"无"，如图 2.51 所示。

03 选择工具箱中的【矩形工具】(快捷键【M】),单击画布,在弹出的【矩形】对话框中设定【宽度】和【高度】为 380mm,单击【确定】按钮,如图 2.52 所示。

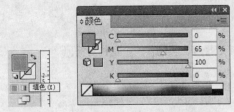

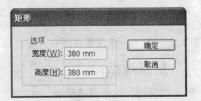

图 2.51 工具箱和【颜色】面板　　　　　　　图 2.52 【矩形】对话框

04 在工具选项栏中选择【对齐画板】选项,单击【水平左对齐】与【垂直顶对齐】按钮让绘制的矩形与画布吻合,如图 2.53 所示。

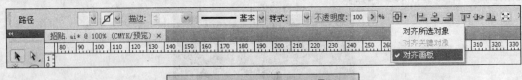

图 2.53 工具选项栏

2. 绘制主体区域

01 选择【颜色】面板,设置【填色】颜色为(C0,M0,Y0,K100),【描边】颜色为"无"。

02 选择工具箱中的【椭圆工具】(快捷键【L】),单击画布,在弹出的【椭圆】对话框中设定【宽度】和【高度】为 300mm,单击【确定】按钮,如图 2.54 所示。

03 在工具选项栏中选择【对齐画板】选项,单击【水平居中对齐】与【垂直居中对齐】按钮让绘制的正圆与画布居中对齐。

04 选择工具箱中的【椭圆工具】(快捷键【L】),单击画布,在弹出的【椭圆】对话框中设定【宽度】和【高度】为 290mm,单击【确定】按钮。

05 在工具选项栏中选择【对齐画板】选项,单击【水平居中对齐】与【垂直居中对齐】按钮让绘制的正圆与画布居中,如图 2.55 所示。

图 2.54 【椭圆】对话框　　　　　　　　　　图 2.55 绘制好的正圆

06 选择工具箱中的【选择工具】（快捷键【V】），按住【Shift】键单击绘制的两个正圆，选择【窗口】>【路径查找器】命令（组合键【Ctrl+Shift+F9】），弹出【路径查找器】面板，单击【减去顶层】按钮创建一个复合形状，如图2.56所示。

07 选择【颜色】面板，设置【填色】颜色为（C0，M0，Y30，K0），【描边】颜色为"无"。

08 选择工具箱中的【矩形工具】（快捷键【M】），单击画布，在弹出的【矩形】对话框中设定【宽度】为72mm、【高度】为52mm，单击【确定】按钮，用工具箱中的【选择工具】（快捷键【V】）将其移到合适位置，如图2.57所示。

图2.56　【路径查找器】面板

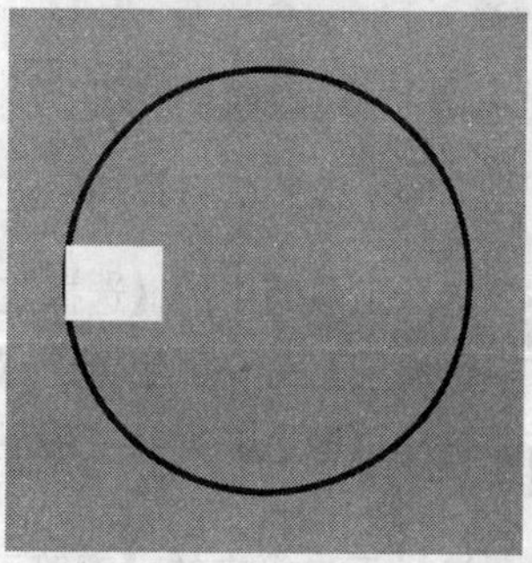

图2.57　绘制完成的矩形

09 选择【颜色】面板，设置【填色】颜色为（C100，M100，Y40，K0），【描边】颜色为"无"。

10 选择工具箱中的【矩形工具】（快捷键【M】），单击画布，在弹出的【矩形】对话框中设定【宽度】为127mm、【高度】为30mm，单击【确定】按钮。

11 在工具选项栏中选择【对齐所选对象】选项，用工具箱中的【选择工具】（快捷键【V】）选中绘制的两个矩形，设置黄色矩形为【关键对象】并与其【垂直顶对齐】，如图2.58和图2.59所示。

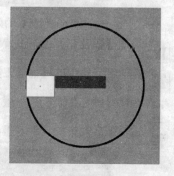

图2.58　工具选项栏

图2.59　选中的关键对象

12 选择【颜色】面板，设置【填色】颜色为（C0，M90，Y95，K0），"描边"颜色为"无"。

13 选择工具箱中的【矩形工具】（快捷键【M】），单击画布，在弹出的【矩形】对话框中设定【宽度】为127mm、【高度】为22mm，单击【确定】按钮。

14 在工具选项栏中选择【对齐所选对象】选项，用工具箱中的【选择工具】（快捷键【V】）选中红色与黄色矩形，设置黄色矩形为【关键对象】并与其【垂直底对齐】，如图2.60所示。

15 选择工具箱中的【选择工具】（快捷键【V】），按住【Alt+Shift】组合键单击黄色矩形并水平向右拖曳复制对象，并在【变换】面板中将【宽度】改为94mm，如图2.61和图2.62所示。

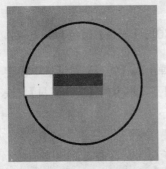

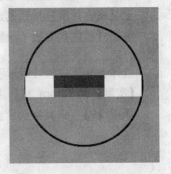

图2.60　选中的关键对象　　　　　图2.61　【变换】面板　　　　　图2.62　绘制完成的矩形

16 选择工具箱中的【选择工具】（快捷键【V】），单击黑色正圆，选择【对象】>【排列】>【置于顶层】命令（组合键【Ctrl+Shift+]】），将其置于顶层，如图2.63所示。

17 选择【颜色】面板，设置【填色】颜色为（C80，M60，Y30，K0），【描边】颜色为"无"。

18 选择工具箱中的【钢笔工具】（快捷键【P】），绘制一个三角形，如图2.64所示。

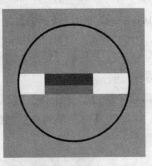

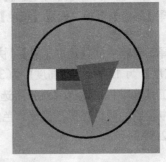

图2.63　调整后的效果　　　　　　　　　　图2.64　绘制的三角形

19 选择【颜色】面板，设置【填色】颜色为（C0，M25，Y90，K0），【描边】颜色为"无"。

20 选择工具箱中的【钢笔工具】（快捷键【P】），绘制一个三角形，如图2.65所示。

21 选择【颜色】面板，设置【填色】颜色为（C0，M80，Y75，K0），【描边】颜色为"无"。

22 选择工具箱中的【钢笔工具】（快捷键【P】），绘制一个三角形，如图2.66所示。

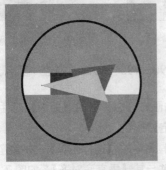

图2.65　绘制的三角形　　　　　　　　　　图2.66　绘制的三角形

23 选择【颜色】面板，设置【填色】颜色为（C0，M0，Y0，K30），【描边】颜色为"无"。

24 选择工具箱中的【椭圆工具】（快捷键【L】），单击画布，在弹出的【椭圆】对话框中设定【宽度】和【高度】为38mm，单击【确定】按钮。

25 在工具选项栏中选择【对齐画板】选项，单击【水平居中对齐】与【垂直居中对齐】按钮让绘制的正圆与画布居中对齐，如图2.67所示。

26 选择工具箱中的【选择工具】（快捷键【V】），选中灰色正圆，选择【编辑】>【复制】命令（组合键【Ctrl+C】）复制正圆，选择【编辑】>【贴在前面】命令（组合键【Ctrl+F】）原位粘贴正圆。

27 在【变换】面板中将参考点居中，设定【宽度】和【高度】为32mm，如图2.68所示。

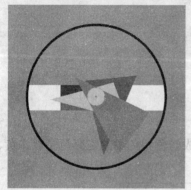

图2.67　绘制的正圆

图2.68　【变换】面板

3. 添加滤镜效果

01 选择工具箱中的【选择工具】（快捷键【V】），选中蓝色三角形，选择【效果】>【风格化】>【投影】命令，弹出【投影】对话框，参数设置如图2.69所示，单击【确定】按钮。

02 用同样的方法为红、黄色两个三角形添加投影效果，参数设置不变，如图2.70所示。

图2.69　【投影】对话框

图2.70　添加后的效果

4. 添加文字和素材

在画面上添加相关文字和图片素材，相关素材位于"光盘/素材/第2章/logo.ai"，完成整个海报的设计工作，最终效果如图2.71所示。

图 2.71　最终效果

2.7　习题

1. 绘制十二色相环

知识要点提示：

十二色相环是由原色、二次色和三次色组合而成。色相环中的三原色是红、黄、蓝，如图 2.72 所示。

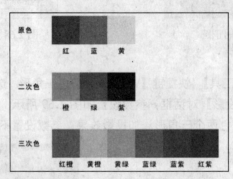

图 2.72　原色、二次色和三次色参考图

绘制十二色相的色环，是色彩设计的基础。

2. 制作彩绘图案

知识要点提示：

矢量图形应用在图像、插画、服饰、纹样、涂鸦中可以产生独特的艺术效果和装饰美感。使用基本绘图工具即可绘制出百变的图案，如图 2.73 所示。

图 2.73　彩绘涂鸦参考图

03 路径绘制工具

在 Illustrator 中，钢笔、铅笔、画笔、直线段、弧形、螺旋线、矩形、多边形和星形等工具都可以创建路径。绘制不规则形状图形的方法就是对路径进行准确控制和编辑，路径是对象构造的基本元素，本身没有宽度和颜色，它可以是开放的，也可以是封闭的。此外，路径还可以组成单个直线、曲线或者将多个部分组合在一起。

学习目标：

- 了解路径绘制工具的基本功能
- 理解钢笔工具在设计中的重要性
- 掌握钢笔工具的操作方法

3.1 钢笔工具绘图

【钢笔工具】用于绘制和编辑路径。它具有强大的功能，能够绘制精确的路径图形。使用【钢笔工具】可以绘制各种各样的路径，如直线、平滑曲线等。

3.1.1 路径

路径由一个或多个直线段或曲线段组成，是组成所有图形和线条的基本元素，线段的起始点和结束点由锚点标记。在曲线段上，每个选中的锚点显示一条或两条方向线，方向线以方向点结束，方向线和方向点的位置决定曲线段的大小和形状。移动这些元素将改变路径中曲线的形状，如图 3.1 所示。

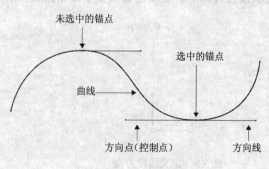

图 3.1 路径的结构

3.1.2 绘制直线

使用【钢笔工具】可以绘制的最简单路径是直线,方法是选择工具箱中【钢笔工具】,在画板上单击创建一个锚点,再单击可创建由点连接的直线段组成的路径。

1. 绘制五星

 选择工具箱中的【钢笔工具】(快捷键【P】),单击画板定义第一个锚点后再次单击以确定线段的方向,如图 3.2 所示。

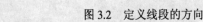 继续单击设置多个锚点,如图 3.3 所示。

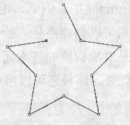

图 3.2　定义线段的方向　　　　　　　　　　图 3.3　设置多个锚点

最后将【钢笔工具】定位在第一个锚点上闭合路径以完成五星的绘制,如图 3.4 所示

图 3.4　完成的五星

2. 绘制梯阶

选择工具箱中的【钢笔工具】(快捷键【P】),按住【Shift】键单击画板定义第一个锚点后再次单击以确定线段的方向,如图 3.5 所示。

继续按住【Shift】键单击设置多个锚点完成梯阶的绘制,如图 3.6 所示。

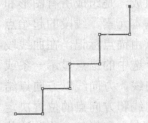

图 3.5　定义线段方向　　　　　　　　　　图 3.6　完成的梯阶

 技 巧

选择工具箱中的【钢笔工具】,按住【Shift】键并单击可将线段的角度限制为 45°的倍数。

3.1.3 绘制曲线

选择工具箱中【钢笔工具】，单击并拖曳鼠标便可以创建曲线，在拖曳鼠标的同时可通过方向线调整曲线的斜度。

1. 绘制弧线

01 选择工具箱中的【钢笔工具】(快捷键【P】)，单击画板定义第一个锚点后再次单击并拖曳鼠标，如图 3.7 所示。

02 单击设置另一个锚点完成弧线的绘制，如图 3.8 所示。

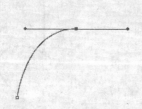

图 3.7　定义曲线方向

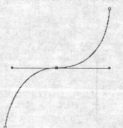

图 3.8　完成的弧线

2. 拆分方向线

01 选择工具箱中的【钢笔工具】(快捷键【P】)，单击画板定义第一个锚点后按住【Shift】键再次单击并拖曳鼠标，如图 3.9 所示。

02 按住【Alt】键，将【钢笔工具】定位在所选端点上，单击锚点并拖动显示的方向线改变其方向，如图 3.10 所示。

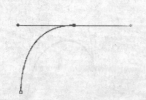

图 3.9　绘制曲线

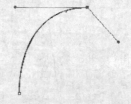

图 3.10　改变方向线

03 单击设置另一个锚点完成改变方向线后的弧线，如图 3.11 所示。

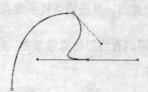

图 3.11　完成的弧线

3.1.4 绘制时重新定位锚点

选择工具箱中的【钢笔工具】，单击创建锚点后，保持按下鼠标按钮并按住空格键，然后拖曳鼠标可以重新定位锚点。

3.1.5 绘制有曲线的直线

选择工具箱中的【钢笔工具】，先绘制一条直线段，然后绘制一条曲线段。

01 选择工具箱中的【钢笔工具】（快捷键【P】），单击画板定义第一个锚点后再创建第二个锚点以完成直线段的绘制，如图 3.12 所示。

02 将【钢笔工具】定位在端点上，然后拖动方向点，如图 3.13 所示。

03 将【钢笔工具】定位到所需的下一个锚点位置，然后单击（在需要时还可拖动）这个新锚点完成曲线的绘制，如图 3.14 所示。

图 3.12　完成的直线段　　　　图 3.13　拖动方向点　　　　图 3.14　完成的曲线段

3.1.6 绘制有直线的曲线

选择工具箱中的【钢笔工具】，先绘制一条曲线段，然后绘制一条直线段。

01 选择工具箱中的【钢笔工具】（快捷键【P】），在画板上单击拖曳并创建曲线段的第一个平滑点，如图 3.15 所示。

02 将【钢笔工具】定位到所需的下一个锚点位置，拖动以完成曲线的绘制，如图 3.16 所示。

图 3.15　完成曲线段的第一个平滑点　　　　图 3.16　拖动完成曲线

03 将【钢笔工具】定位在所选端点上，单击锚点将平滑点转换为角点，如图 3.17 所示。

04 将【钢笔工具】重新定位到所需的直线段终点并单击，完成直线段的绘制，如图 3.18 所示。

图 3.17　单击端点　　　　图 3.18　完成的直线段

3.2 ▶ 编辑路径

无论是编辑路径还是锚点，首先选择工具箱中的【直接选择工具】（快捷键【A】），然后选择或拖曳它们。

3.2.1 选择锚点或路径段

在改变路径形状或编辑路径之前，必须选择路径的锚点或线段。

1. 选择锚点

选择工具箱中的【直接选择工具】（快捷键【A】），单击任意锚点即可选中，按住【Shift】键并单击可选中多个锚点，如图 3.19 所示。

图 3.19 选择多个锚点

选中一个或多个锚点后，单击并拖曳鼠标可以移动它们，路经的形状也随之改变，如果按【Delete】键则可以将其删除，如图 3.20 和图 3.21 所示。

图 3.20 移动锚点

图 3.21 删除锚点

2. 选择路径段

选择工具箱中的【直接选择工具】（快捷键【A】），然后单击两个锚点之间的线段，可以选中该路径段，按住【Shift】键并单击可选中多个路径段（也可以选择工具箱中的【套索工具】，并在路径段的部分周围拖曳鼠标来选择路径段），如图 3.22 所示。

图 3.22 选择多个路径段

选中一个或多个路径段后，单击并拖曳鼠标可以移动它们，路经的形状也随之改变，如果按【Delete】键则可以将其删除，如图 3.23 和图 3.24 所示。

图 3.23 移动路径段

图 3.24 删除路径段

注 意

选择工具箱中的【直接选择工具】在对象上单击并拖曳出矩形框，可以选择矩形框范围内的所有锚点，被选择的锚点可以分属不同的路径、编组或不同的对象。

选择锚点或路径段后，按键盘中的【→】、【←】、【↑】、【↓】键可以微移所选对象；如果同时按住【Shift】键操作，则会以原来10倍的距离微移对象。

3.2.2 添加或删除锚点

选择工具箱中的【添加锚点工具】（快捷键【+】），在路径上单击可以添加一个锚点；选择工具箱中的【删除锚点工具】（快捷键【-】），在锚点上单击可以删除锚点；在使用【钢笔工具】时，将其放在当前选择的路径上，它会变成【添加锚点工具】，此时单击也可以添加锚点；将鼠标指针放在锚点上，它会变成【删除锚点工具】，单击即可删除锚点。

3.2.3 平滑路径

使用【钢笔工具】绘制一组书法字，当修改细节部分时，可以选择工具箱中的【平滑工具】，沿着需要平滑的路径线段长度拖动工具，直到描边或路径达到所需平滑度为止，如图 3.25 和图 3.26 所示。

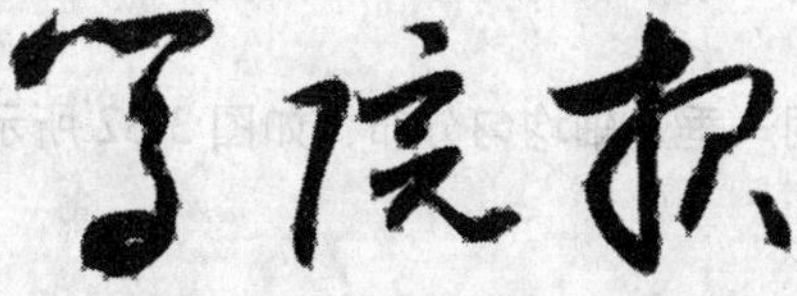

图 3.25　平滑前 　　　　　　　　　　　　图 3.26　平滑后

3.2.4　转换锚点

（1）选择工具箱中的【转换锚点工具】（组合键【Shift+C】），将其定位在要转换的锚点上方，要将角点转换为平滑点，就将方向点拖动出角点，如图 3.27 所示。

图 3.27　将方向点拖动出角点以转换为平滑点

（2）如果要将平滑点转换成没有方向线的角点，使用工具箱中的【转换锚点工具】单击平滑点即可，如图 3.28 所示。

图 3.28　单击平滑点以转换为角点

（3）如果要将平滑点转换成具有独立方向线的角点，使用工具箱中的【转换锚点工具】单击任一方向点即可，如图 3.29 所示。

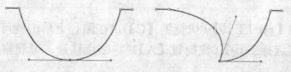

图 3.29　将平滑点转换为角点

3.2.5　均匀放置锚点

01 选择两个或更多锚点（同一路径和不同路径上），选择【对象】>【路径】>【平均】命令，弹出【平均】对话框，如图 3.30 所示。

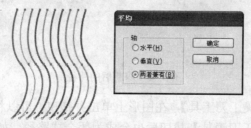

图 3.30　【平均】对话框

02 在对话框中选择【水平】单选项可以将锚点沿同一水平轴均匀分布，如图 **3.31** 所示。

03 在对话框中选择【垂直】单选项可以将锚点沿同一垂直轴均匀分布，如图 **3.32** 所示。

图 3.31 "水平"分布锚点   图 3.32 "垂直"分布锚点

04 在对话框中选择【两者兼有】单选项可以将锚点集中到同一个点上，如图 **3.33** 所示。

图 3.33 "两者兼有"分布锚点

3.2.6 裁剪路径

选择工具箱中的【剪刀工具】（快捷键【C】），在路径上单击就可以剪断路径，然后使用工具箱中的【直接选择工具】（快捷键【A】）将锚点移开，可观察路径的分割效果，如图 3.34 所示。

图 3.34 剪断后的路径

选择工具箱中的【美工刀工具】，在图形上单击并拖曳，可以将图形裁切开。如果是开放式的路径，经过【美工刀工具】裁切后也会成为闭合式路径，如图 3.35 所示。

图 3.35 　裁切后的路径

3.2.7　擦除图稿

　　需要擦除图稿的一部分时，可以使用工具箱中的【路径橡皮擦工具】和【橡皮擦工具】。【路径橡皮擦工具】是通过选择一个图形后，在路径上涂抹即可擦除路径，如图 3.36 所示；【橡皮擦工具】可以擦除图稿的任何区域，而不管图稿的结构如何，如图 3.37 所示。

图 3.36　【路径橡皮擦工具】擦除效果

图 3.37　【橡皮擦工具】擦除效果

经　验

选择工具箱中的【橡皮擦工具】，按住【Shift】键操作，可以将擦除方向限制为水平、垂直或对角线方向；按住【Alt】键操作，则可以绘制一个矩形区域，并擦除该区域内的图形。

3.3 橡皮擦工具选项

双击工具箱中的【橡皮擦工具】，可在弹出的对话框中设置参数，如图 3.38 所示，【橡皮擦工具选项】对话框中的选项介绍如下。

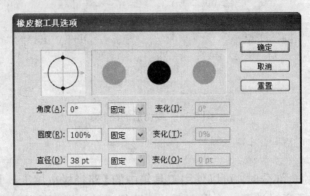

图 3.38 【橡皮擦工具选项】对话框

（1）【角度】可以设定【橡皮擦工具】旋转的角度。可通过拖曳预览区中的箭头或在【角度】文本框中输入值来设置角度。

（2）【圆度】可以设定【橡皮擦工具】的圆度。将预览中的黑点朝向或背离中心方向拖曳，或者在【圆度】文本框中输入值可以设置圆度，值越大圆度就越大。

（3）【直径】可以设定【橡皮擦工具】的直径。拖动【直径】滑块或在【直径】文本框中输入值可改变直径大小。

（4）每个选项右侧的下拉菜单可以控制【橡皮擦工具】的形状变化，如图 3.39 所示。【固定】选项使用固定的角度、圆度或直径；【随机】选项可使角度、圆度或直径随机变化。在【变化】文本框中输入值，可指定画笔特征的变化范围。

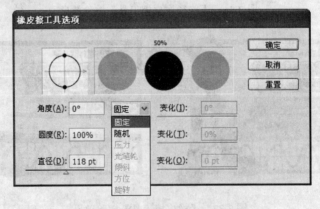

图 3.39 【橡皮擦工具选项】对话框

经 验

选择工具箱中的【橡皮擦工具】，按【]】键可增加直径，按【[】键可减少直径。

3.4 综合案例——手提袋设计

学习目的：

在本案例中，将通过使用钢笔、文字、选择、直接选择等工具制作一个手提袋效果图。

重点难点：

❖ 快捷键和组合键的使用

❖ 路径绘制工具的综合使用方法

设计一款手提袋，最终效果如图 3.40 所示。在这个设计图中，利用大面积的留白手法来体现该品牌的特点。

图 3.40 手提袋效果

1. 绘制手提袋

01 选择【文件】>【新建】命令（组合键【Ctrl+N】），打开【新建文档】对话框，设置【宽度】和【高度】为 210mm，【颜色模式】为 CMYK，单击【确定】按钮，如图 3.41 所示。

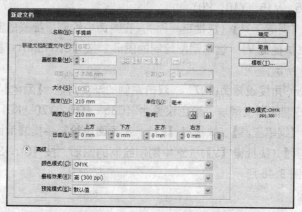

图 3.41 【新建文档】对话框

02 选择【渐变】面板，角度设置为 90°，双击左侧的渐变滑块，【颜色】设置为（C20，M10，Y0，K0），右侧的渐变滑块颜色设置为白色，如图 3.42 所示。

03 选择工具箱中的【钢笔工具】（快捷键【P】），在画面中绘制一个带有透视效果的图形，如图 3.43 所示。

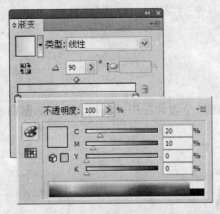

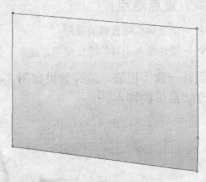

图 3.42 【渐变】面板 　　　　　　　　　图 3.43 绘制透视图形

04 选择【渐变】面板，角度设置为-90°，单击左侧渐变滑块，【位置】设置为 11%；单击右侧渐变滑块，【位置】设置为 89%，如图 3.44 所示。

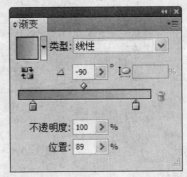

图 3.44 【渐变】面板

05 双击左侧的渐变滑块，【颜色】设置为（C55，M40，Y30，K0），双击右侧的渐变滑块，【颜色】设置为（C25，M15，Y10，K0）。

06 选择工具箱中的【钢笔工具】（快捷键"P"），在画面中绘制手提袋的侧面。选择工具箱中的【选择工具】（快捷键 V），选中刚刚绘制的图形，按【Ctrl+Shift+[】组合键将其移至最底层，如图 3.45 所示。

07 选择【渐变】面板，角度设置为-107°，双击左侧的渐变滑块，【颜色】设置为（C20，M10，Y0，K0），双击右侧的渐变滑块，颜色设置为（C35，M20，Y20，K0）。

08 选择工具箱中的【钢笔工具】（快捷键【P】），在画面中绘制手提袋侧面的底部。选择工具箱中的【选择工具】（快捷键【V】），选中刚刚绘制的图形，按【Ctrl+Shift+[】组合键将其移至最底层，如图 3.46 所示。

图 3.45 绘制手提袋侧面　　　　　　　　　　图 3.46 绘制手提袋侧面底部

09 选择【渐变】面板，角度设置为-83°，单击左侧渐变滑块，【位置】设置为 2%；单击右侧渐变滑块，【位置】设置为 98%，如图 3.47 所示。

 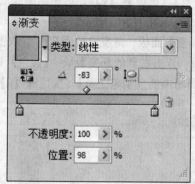

图 3.47 【渐变】面板

10 双击左侧的渐变滑块，【颜色】设置为（C40，M25，Y25，K0），双击右侧的渐变滑块，【颜色】设置为（C30，M20，Y15，K0）。

11 选择工具箱中的【钢笔工具】（快捷键【P】），在画面中绘制手提袋侧面。选择工具箱中的【选择工具】（快捷键【V】），选中刚刚绘制的图形，按【Ctrl+Shift+[】组合键将其移至最底层，如图 3.48 所示。

12 选择【渐变】面板，角度设置为-90°，单击左侧渐变滑块，【位置】设置为 12%；单击右侧渐变滑块，【位置】设置为 88%。

13 双击左侧的渐变滑块，【颜色】设置为（C30，M20，Y10，K0），双击右侧的渐变滑块，【颜色】设置为（C25，M15，Y10，K0）。

14 选择工具箱中的【钢笔工具】（快捷键【P】），在画面中绘制手提袋侧面。选择工具箱中的【选择工具】（快捷键【V】），选中刚刚绘制的图形，按【Ctrl+Shift+[】组合键将其移至最底层，如图 3.49 所示。

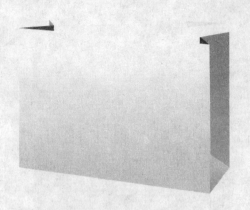

图 3.48　绘制手提袋侧面　　　　　　图 3.49　绘制手提袋侧面

15 选择【渐变】面板，角度设置为 90°。双击左侧的渐变滑块，【颜色】设置为（C30，M15，Y10，K0），双击右侧的渐变滑块，【颜色】设置为（C15，M5，Y5，K0）。

16 选择工具箱中的【钢笔工具】（快捷键【P】），在画面中绘制手提袋背面。选择工具箱中的【选择工具】（快捷键【V】），选中刚刚绘制的图形，按【Ctrl+Shift+[】组合键将其移至最底层，如图 3.50 所示。

17 选择【渐变】面板，角度设置为 85°。双击左侧的渐变滑块，【颜色】设置为（C20，M10，Y0，K0），双击右侧的渐变滑块，【颜色】设置为（C10，M5，Y0，K0）。

18 选择工具箱中的【钢笔工具】（快捷键【P】），在画面中绘制手提袋底部，如图 3.51 所示。

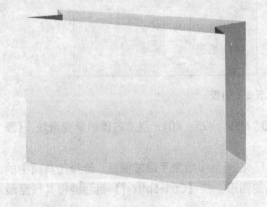

图 3.50　绘制手提袋背面　　　　　　图 3.51　绘制手提袋底部

19 选择【颜色】面板，【填色】颜色设置为（C0，M0，Y0，K100），【描边】颜色设置为"无"。

20 选择工具箱中的【钢笔工具】（快捷键【P】），在画面中绘制手提袋的拎绳。选择工具箱中的【选择工具】（快捷键【V】），选中刚刚绘制的图形，按【Ctrl+Shift+[】组合键将其移至最底层，如图 3.52 所示。

21 选择【颜色】面板，【填色】颜色设置为（C60，M40，Y35，K0），【描边】颜色设置为"无"。

22 选择工具箱中的【钢笔工具】(快捷键【P】)，在画面中绘制手提袋拎绳的投影，如图3.53所示。

图 3.52　绘制手提袋拎绳

图 3.53　绘制手提袋拎绳投影

23 选择【颜色】面板，【填色】颜色设置为（C0，M0，Y0，K100），【描边】颜色设置为"无"。

24 选择工具箱中的【钢笔工具】(快捷键【P】)，在画面中绘制手提袋的拎绳，如图3.54所示。

25 选择【颜色】面板，【填色】颜色设置为（C65，M50，Y40，K0），【描边】颜色设置为"无"。

26 选择工具箱中的【钢笔工具】(快捷键【P】)，在画面中绘制手提袋的阴影。选择工具箱中的【选择工具】(快捷键【V】)，选中刚刚绘制的图形，按【Ctrl+Shift+[】组合键将其移至最底层，如图3.55所示。

图 3.54　绘制手提袋拎绳

图 3.55　绘制手提袋阴影

27 选择【渐变】面板，角度设置为-100°，单击左侧渐变滑块，【位置】设置为24%；单击右侧渐变滑块，【位置】设置为76%，如图3.56所示。

图 3.56 【渐变】面板

28 双击左侧的渐变滑块，【颜色】设置为（C15，M5，Y0，K0），双击右侧的渐变滑块，【颜色】设置为白色。

29 选择工具箱中的【钢笔工具】（快捷键【P】），在画面中绘制手提袋正面的投影。选择工具箱中的【选择工具】（快捷键【V】），选中刚刚绘制的图形，按【Ctrl+Shift+[】组合键将其移至最底层，如图 3.57 所示。

30 选择【渐变】面板，角度设置为-60°，双击左侧的渐变滑块，【颜色】设置为（C30，M15，Y15，K0），双击右侧的渐变滑块，【颜色】设置为"白色"。

31 选择工具箱中的【钢笔工具】（快捷键【P】），在画面中绘制手提袋侧面的投影。选择工具箱中的【选择工具】（快捷键【V】），选中刚刚绘制的图形，按【Ctrl+Shift+[】组合键将其移至最底层，完成手提袋的绘制，如图 3.58 所示。

图 3.57 绘制手提袋投影　　　　　　　　图 3.58 绘制手提袋投影

2. 版式设计

01 选择工具箱中的【文字工具】（快捷键【T】），单击画面输入文字"淘"，设置字体为"方正大标宋简体"，字号为 70pt，颜色设置为"白色"，如图 3.59 所示。

02 选择工具箱中的【选择工具】（快捷键【V】），选中"淘"文字后双击工具箱中的【倾斜工具】，在弹出的【倾斜】对话框中设定【倾斜角度】为 5°，【角度】为 290°，单击【确定】按钮，如图 3.60 所示。

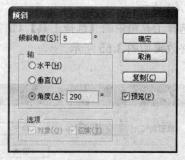

图 3.59　输入文字　　　　　　　　　　　　　图 3.60　【倾斜】对话框

03 选择工具箱中的【文字工具】(快捷键【T】)，单击画面输入文字"孩儿"，设置字体为"方正大标宋繁体"，字号为 70pt，颜色设置为"白色"，如图 **3.61** 所示。

图 3.61　输入文字

04 选择工具箱中的【选择工具】(快捷键【V】)，选中"孩儿"文字后双击工具箱中的【倾斜工具】，在弹出的【倾斜】对话框中设定【倾斜角度】为 11°，【角度】为 300°，单击【确定】按钮。

05 选择【透明度】面板，设置"孩儿"的【不透明度】为 60%，如图 **3.62** 和图 **3.63** 所示。

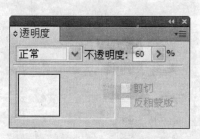

图 3.62　【透明度】面板　　　　　　　　　　图 3.63　文字效果

06 选择【文件】>【置入】命令，打开"光盘/素材/第3章/baby.ai"文件，单击【置入】按钮，在弹出的【置入 PDF】对话框中设置【裁剪到】为"边框"，单击【确定】按钮，如图 3.64 所示。

07 选择工具箱中的【选择工具】（快捷键【V】），单击刚刚置入的图形，调整为合适大小，最终效果如图 3.65 所示。

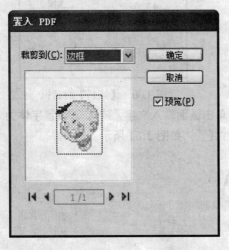

图 3.64 【置入 PDF】对话框　　　　　　　　图 3.65 最终效果

3.5 习题

1. 标志设计

知识要点提示：

采用文字与图形结合的方式设计一个标志，题材不限，要求造型体现出时尚大气的效果，如图 3.66 所示。

图 3.66 标志参考图

2. VI 办公系统设计

知识要点提示：

根据自己设计的标志来模拟真实的开发项目设计制作名片、信封、便签、文件夹、职位牌、车证等，如图 3.67 所示。

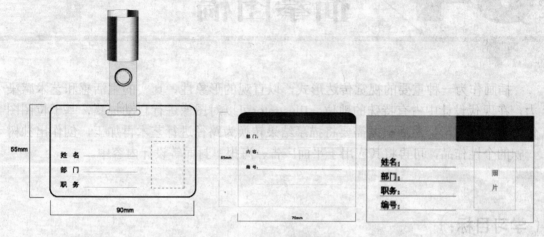

图 3.67 部分 VI 参考图

04

Chapter

描摹图稿

插画作为一种重要的视觉传达形式，以直观的形象性、真实的生活感和艺术感染力，在现代设计中占有特殊的地位。Illustrator可以对图像进行自动描摹，基于位图图像得到矢量图形，然后根据需要将描摹结果转换为路径进行艺术再加工，创作出独树一帜的个性作品，可再将其应用于平面广告、海报、封面等设计内容中。

学习目标：

- 了解实时描摹的基本功能
- 理解实时上色在设计中的重要性
- 掌握实时描摹的操作方法

4.1 实时描摹

实时描摹是控制图像细节级别和填色描摹的方式，它可以对图像进行自动描摹，若用户对描摹结果满意，则可将描摹转换为矢量路径。

4.1.1 描摹图稿

如果希望将新的绘制元素添加到现有的图稿中，可以描摹此图稿。

01 选择【文件】>【置入】命令，打开"光盘/素材/第 4 章/01.jpg"文件，单击【置入】按钮，如图 4.1 所示。

图 4.1 原始图像

02 选择工具箱中的【选择工具】（快捷键【V】），将图片选中，单击工具选项栏中的【实时描摹】后的下三角按钮，在弹出的下拉菜单中选择【照片高保真度】命令，即可进行实时描摹，如图 4.2 和图 4.3 所示。

图 4.2 【实时描摹】下拉菜单　　　　　图 4.3 实时描摹后的图像

4.1.2 自动描摹图稿

如果使用默认描摹选项描摹图像，选中图像后直接单击工具选项栏中的【实时描摹】按钮即可，或者选择【对象】>【实时描摹】>【建立】命令。

4.1.3 指定用于描摹的颜色

在进行实时描摹前，选择【窗口】>【色板库】命令，在弹出的菜单中任选一个色板库，如图 4.4 所示。

图 4.4 【色板库】菜单

选择工具箱中的【选择工具】（快捷键【V】），将图片选中，单击该工具选项栏中的【实时描摹】后的下三角按钮，在弹出的下拉菜单中选择【描摹选项】命令，在打开的【描摹选项】对话框中，选择【模式】为"彩色"，【调板】为打开的色板库，最后单击【描摹】按钮，如图 4.5 和图 4.6 所示。

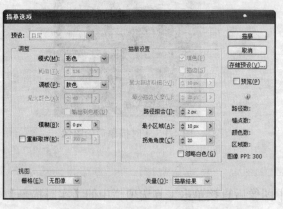

图 4.5 　【描摹选项】对话框　　　　　　　　　　　　　图 4.6 　描摹结果

4.1.4 描摹选项

【描摹选项】对话框中的各个选项都有其特殊的功能和意义，其具体的功能如下。

（1）【预设】用于指定描摹预设。

（2）【模式】用于指定描摹结果的颜色模式。

（3）【阈值】用于指定从原始图像生成黑白描摹结果的值。所有比阈值亮的像素转换为白色，而所有比阈值暗的像素转换为黑色（该选项仅在【模式】设置为"黑白"时可用）。

（4）【调板】用于指定从原始图像生成颜色或灰度描摹的调板（该选项仅在【模式】设置为"彩色"或"灰度"时可用）。若由 Illustrator 决定描摹的颜色，则选择"自动"；若为描摹使用自定调板，则选择一个色板库名称（色板库必须打开才能显示在【调板】下拉菜单中）。

（5）【最大颜色】用于设置在彩色或灰度描摹结果中使用的最大颜色（该选项仅在【模式】设置为"彩色"或"灰度"且【调板】设置为"自动"时可用）。

（6）选中【输出到色板】复选框，则在【色板】面板中为描摹结果中的每种颜色创建新色板。

（7）【模糊】用于在描摹结果中减轻细微的不自然感并平滑锯齿边缘。

（8）选中【重新取样】复选框对加速大图像的描摹过程有用，但会产生降级效果。

（9）选中【填色】复选框则在描摹结果中创建填色区域。

（10）选中【描边】复选框则在描摹结果中创建描边路径。

（11）【最大描边粗细】用于指定原始图像中可描边的最大宽度。

（12）【最小描边长度】用于指定原始图像中可描边的最小长度。

（13）【路径拟合】用于控制描摹形状和原始像素形状间的差异。较低的值创建较紧密的路径拟和；较高的值创建较疏松的路径拟和。

（14）【最小区域】用于指定将描摹的原始图像中的最小特征。

（15）【拐角角度】用于指定原始图像中转角的锐利程度，即描摹结果中的拐角锚点。

（16）【栅格】用于指定如何显示描摹对象的位图组件。

（17）【矢量】用于指定如何显示描摹结果。

 经 验

在【描摹选项】对话框中选中【预览】复选框可以预览当前设置的结果；若设置默认描摹选项，则在【描摹选项】对话框前取消选择所有对象，设置完选项后，单击【存储预设】按钮即可。

4.1.5 将描摹对象转换为路径

选择描摹对象，单击工具选项栏中的【扩展】按钮，将描摹对象转换为路径，生成的路径会自动编组，如图 4.7 所示。

图 4.7　路径自动编组

4.1.6 将描摹对象转换为实时上色对象

若使用【实时上色工具】对描摹对象应用填色和描边，将对象选中后选择工具箱中的【实时上色工具】，单击该工具选项栏中的【实时上色】按钮，将对象转换为实时上色对象。

技 巧

描摹对象后，如果想放弃描摹但保留置入的图像，可选择描摹对象后，选择【对象】>【实时描摹】>【释放】命令。

4.2 实时上色

实时上色是一种创建彩色图案的直观方法，采用这种方法，可以使用 Illustrator 的所有矢量绘画工具，将绘制的全部路径视为在同一平面上。这样，为对象上色就如同在涂色簿上填色，或是用水彩为铅笔素描上色。

4.2.1 实时上色组

创建实时上色组后，每条路径都会保持完全可编辑。移动或调整路径形状时，前期已应用的颜色不会像在自然介质作品或图像编辑程序中那样保持在原处，相反，Illustrator 自动将其重新应用于由编辑后的路径所形成的新区域。

选择工具箱中的【选择工具】（快捷键【V】），将图形选中，如图 4.8 所示，选择【对象】>【实时上色】>【建立】命令，即可将其创建为一个实时上色组，如图 4.9 所示。

图 4.8　原图形　　　　　　　　　　　　　　图 4.9　实时上色组

4.2.2 使用【实时上色工具】上色

选择工具箱中的【实时上色工具】（快捷键【K】），可以使用当前填充和描边属性为实时上色组的表面和边缘上色。工具指针显示为一种或三种颜色方块，它们表示选定填充或描边颜色。如果使用色板库中的颜色，则还表示库中所选颜色的两种相邻颜色。通过按【←】或【→】键，可以访问相邻的颜色，如图 4.10 所示。

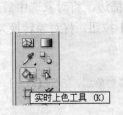
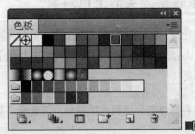

图 4.10　实时上色工具

选择工具箱中的【实时上色工具】（快捷键【K】），在【色板】面板中选择一种颜色，将鼠标指针放在对象上，会突出显示填充内侧周围的线条，单击即可填充颜色，如图 4.11 所示。

图 4.11　填充区域

选择工具箱中的【实时上色选择工具】（组合键【Shift+L】），将鼠标指针放在图形的边缘，当软件检测到边缘，就会突显出来，单击即可选择边缘，然后在【色板】面板或其他颜色面板中修改边缘的颜色，如图 4.12 所示。

图 4.12　使用【实时上色选择工具】选择填充区域

技巧

选择工具箱中的【实时上色工具】后，如果从【色板】面板中选择一种颜色，指针将变为显示3种颜色。选定颜色位于中间，两个相邻颜色位于两侧。要使用相邻的颜色，按键盘中的【→】、【←】键即可。

4.2.3　修改实时上色组

修改实时上色组中的路径时，Illustrator 将使用现有组中的填充和描边对修改的表面和边缘进行着色。

选择工具箱中的【钢笔工具】（快捷键【P】），在实时上色组的图形内绘制一条新的路径，如图 4.13 所示。

选择工具箱中的【选择工具】（快捷键【V】），选择实时上色组和已经添加到组中的路径，单击该工具选项栏中的【合并实时上色】按钮，将路径合并到实时上色组中，形成新的图形区域和边缘，如图 4.14 所示。

图 4.13　绘制线段　　　　　　　　　图 4.14　合并后的实时上色组

选择工具箱中的【实时上色工具】（快捷键【K】），在【色板】面板中选择一种颜色，对新的区域进行填充，如图 4.15 所示。

选择工具箱中的【直接选择工具】（快捷键【A】），移动实时上色组中的图形或者修改路径的形状，颜色会自动应用到新区域中，如图 4.16 所示。

图 4.15　上色后的效果　　　　　　　　　图 4.16　修改路径形状

4.2.4　释放或扩展实时上色组

选择工具箱中的【选择工具】（快捷键【V】），选择实时上色组后，选择【对象】>【实时上色】>【释放】命令，可以释放实时上色组；如果选择【对象】>【实时上色】>【扩展】命令，则可将实时上色组扩展为由单独的填充和描边路径组成的对象。

4.3　编辑颜色

【重新着色图稿】对话框可用于创建和编辑颜色组、重新指定或者减少图形中的颜色。选择工具箱中的【选择工具】（快捷键【V】），选择对象后，选择【编辑】>【编辑颜色】>【重新着色图稿】命令，则打开【重新着色图稿】对话框。如果对象包含两种以上的颜色，则可单击工具选项栏中的【重新着色图稿】按钮打开其对话框。

1. 颜色显示方式

在【重新着色图稿】对话框中编辑颜色可以方便地对选定图稿中的颜色进行全局调整。如果在图稿创建过程中最初未使用全局色，这种方法特别有用。编辑颜色时，可使用平滑的色轮、分段的色轮或颜色条来显示颜色，如图4.17所示。

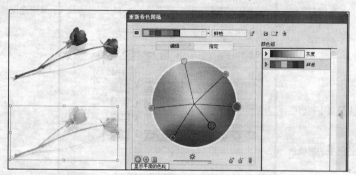

图4.17　使用平滑的色轮的颜色标记编辑颜色

（1）平滑的色轮是在圆形中的色轮上绘制当前颜色组中的每种颜色。此色轮可以从多种高精度的颜色中进行选择，但是难以查看单个颜色，因为每个像素代表不同的颜色。

（2）分段的色轮可让用户轻松查看单个颜色，但是提供的可选择颜色没有连续色轮中的多。

（3）颜色条为可以单独选择和编辑的实色颜色条。通过将颜色条拖曳到左侧或右侧，可以重新组织该显示区域中的颜色。

2. 【编辑】选项卡

【重新着色图稿】对话框中包含【编辑】、【指定】、【颜色组】3个选项卡，每个选项卡中显示相应的设置选项。

【编辑】选项卡用于创建新的颜色组或编辑现有的颜色组，如图4.18所示。

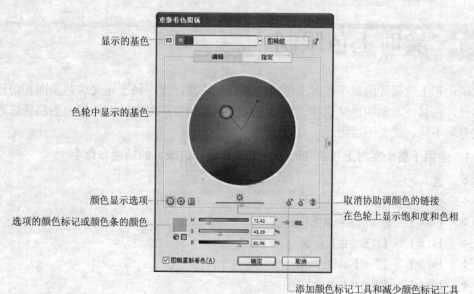

图4.18　【编辑】选项卡

3. 【指定】选项卡

【指定】选项卡用于查看和控制颜色组中的颜色如何替换图稿中的颜色,如图4.19所示。

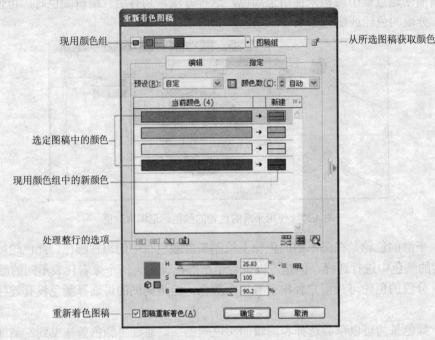

图4.19　指定选项卡

4. 【颜色组】选项卡

【颜色组】选项卡中列出了当前文档中所有的颜色组,它们也会在【色板】面板中显示。在处于【重新着色图稿】对话框中时,可以使用【颜色组】列表编辑、删除和创建新的颜色组,并且这些修改都会反映在【色板】面板中。

4.4　实时上色限制

填色和上色属性附属于实时上色组的表面和边缘,而不属于定义这些表面和边缘的实际路径,在其他对象中也是这样。因此,某些功能和命令对实时上色组中的路径或者作用方式有所不同,或者不适用。

1. 适用于整个实时上色组（而不是单个表面和边缘）的功能和命令

- ❖ 透明度
- ❖ 效果
- ❖ 【外观】面板中的多种填充和描边
- ❖ 【对象】>【封套扭曲】命令
- ❖ 【对象】>【隐藏】命令
- ❖ 【对象】>【栅格化】命令
- ❖ 【对象】>【切片】>【建立】命令

❖ 建立不透明蒙版（在【透明度】面板菜单中）

❖ 画笔（若使用【外观】面板将新描边添加到实时上色组中，则可以将画笔应用于整个组）

2. 不适用于实时上色组的功能

❖ 渐变网格

❖ 图表

❖ 【符号】面板中的符号

❖ 光晕

❖ 【描边】面板中的【对齐描边】选项

❖ 魔棒工具

❖ 不适用于实时上色组的对象命令

❖ 轮廓化描边

❖ 扩展（可以改用【对象】>【实时上色】>【扩展】命令）

❖ 混合

❖ 切片

❖ 【对象】>【剪切蒙版】>【建立】命令

❖ 创建渐变网格

3. 不适用于实时上色组的其他命令

❖ 路径查找器命令

❖ 【文件】>【置入】命令

❖ 【视图】>【参考线】>【建立】命令

❖ 【选择】>【相同】>【混合模式】、【填充和描边】、【不透明度】、【样式】、【符号实例】和【链接块系列】等命令

❖ 【对象】>【文本绕排】>【建立】命令

注 意

如果要对对象进行着色，并且每个边缘或交叉线使用不同的颜色，要先将图稿转换为实时上色组。

4.5 综合案例——商业插画

学习目的：

在本案例中，将通过钢笔、实时上色、实时描摹等工具制作一个商业插画。

重点难点：

❖ 快捷键和组合键的使用

❖ 【实时上色工具】与【实时描摹】命令的综合使用方法

　　制作一个商业插画，先置入一个位图图像，然后通过实时描摹功能将其转换为矢量图，最后添加一些图形作为装饰物，最终效果如图 4.20 所示。

图 4.20 商业插画

1. 描摹图稿

01 选择【文件】>【新建】命令（组合键【Ctrl+N】），弹出【新建文档】对话框，设置【宽度】为 210mm、【高度】为 230mm，【颜色模式】为 CMYK，单击【确定】按钮，如图4.21 所示。

02 选择【文件】>【置入】命令，打开"光盘/素材/第 4 章/时尚人物.jpg"文件，单击【置入】按钮，将图像放在合适位置，如图 4.22 所示。

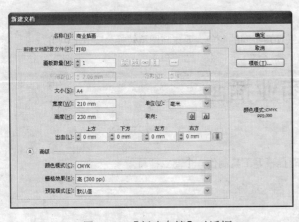

图 4.21 【新建文档】对话框 　　　　　图 4.22 置入的图像

03 选择工具箱中的【选择工具】（快捷键【V】），将图片选中，单击工具选项栏中的【实时描摹】后的下三角按钮，在弹出的下拉菜单中选择【16 色】命令，对图像进行实时描摹，如图 4.23 所示。

04 选择描摹对象，单击工具选项栏中的【扩展】按钮，将描摹对象转换为路径。选择工具箱中的【编组选择工具】选择背景，按【Delete】键删除，如图 4.24 所示。

图 4.23　描摹结果

图 4.24　转换为路径效果

2. 实时上色

01 选择【渐变】面板，【类型】设置为"径向"，角度设置为-180°，双击左侧的渐变滑块，颜色设置为（C15，M0，Y40，K0），右侧的渐变滑块颜色设置为"白色"，如图 4.25 所示。

02 选择工具箱中的【钢笔工具】（快捷键【P】），在画面的左下角绘制一个扇形，如图 4.26 所示。

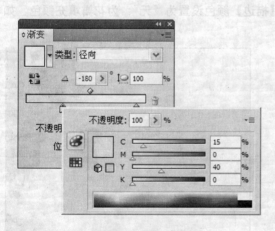

图 4.25　【渐变】面板

图 4.26　绘制扇形

03 单击【图层】面板中的【创建新图层】按钮，新建"图层 2"图层，选择工具箱中的【钢笔工具】（快捷键【P】），在画面的左上角绘制一些花瓣形状路径。选择【颜色】面板，【填色】颜色设置为（C20，M0，Y45，K0），【描边】颜色设置为"无"，为花瓣填充颜色，如图 4.27 所示。

04 选择工具箱中的【选择工具】（快捷键【V】），将"图层 2"图层中的花瓣全部选中，选择 【对象】>【实时上色】>【建立】命令创建为一个实时上色组，如图 4.28 所示。

图 4.27　绘制花瓣　　　　　　　　　　　图 4.28　创建实时上色组

05 选择工具箱中的【实时上色工具】（快捷键【K】），选择【颜色】面板，【填色】颜色设置 为（C0，M10，Y60，K0），【描边】颜色设置为"无"，在花瓣中根据个人喜好为部分花瓣 填充颜色，如图 4.29 所示。

06 单击【图层】面板中的【创建新图层】按钮，新建"图层 3"图层，选择工具箱中的【钢 笔工具】（快捷键【P】），在画面的左下角绘制一些花瓣形状路径。选择【颜色】面板，【填 色】颜色设置为（C10，M0，Y40，K0），【描边】颜色设置为"无"，为花瓣填充颜色，如 图 4.30 所示。

图 4.29　上色结果　　　　　　　　　　　图 4.30　绘制花瓣

07 选择工具箱中的【选择工具】（快捷键【V】），将"图层 3"图层中的花瓣全部选中，选择【对象】>【实时上色】>【建立】命令创建为一个实时上色组。

08 选择工具箱中的【实时上色工具】（快捷键【K】），选择【颜色】面板，【填色】颜色设置为（C30、M30、Y30、K0），【描边】颜色设置为"无"，在花瓣中根据个人喜好为部分花瓣填充颜色，如图 4.31 所示。

09 在画面上添加相关文字，完成整个商业插画的制作，最终效果如图 4.32 所示。

图 4.31　上色结果

图 4.32　最终效果

4.6　习题

1. 设计服装吊牌

知识要点提示：

采用文字与图形结合的方式设计一个服装吊牌，要求体现其品牌的时尚，如图 4.33 所示。

图 4.33　服装吊牌参考图

2. 设计海报

知识要点提示：

根据设计的服装吊牌拓展自己的思路，设计制作一个海报，以其品牌的形象宣传为主，如图 4.34 所示。

图 4.34　海报设计参考图

05

图形的编辑

　　图形是平面设计中非常重要的元素，传达信息是图形的主要功能，现在设计不单单是一种纯视觉的观念，也体现了"意在其中"。在视觉语言范畴里，主观、理性的图形和客观、真实的图形相融合，使图形具有视觉传达功能和信息传播功能，可以说图形在平面设计中是视觉传达体系中独特的、不可或缺的关键。

学习目标：

- 了解图形的变换操作
- 理解【路径查找器】面板在设计中的重要性
- 掌握图形的扭曲操作

5.1 图形的变换操作

　　变换包括对对象进行移动、旋转、镜像、缩放或倾斜等操作。用户可以使用【变换】面板或选择【对象】>【变换】命令以及专用工具来变换对象，或者通过拖曳选区的定界框来完成多种类型的变换。

5.1.1 【变换】面板

　　【变换】面板显示一个或多个选定对象的位置、大小和方向的信息。通过键入新值可以修改选定对象，还可以更改变换参考点，以及锁定对象比例，如图 5.1 所示。

参考点定位器

面板菜单

锁定比例图标

图 5.1 【变换】面板

5.1.2 变换对象图案

在对已填充图案的对象进行移动、旋转、镜像、缩放或倾斜操作时，可以仅变换对象或图案，也可以同时变换对象和图案。

若使用【变换】面板变换对象或图案，可以从面板菜单中选择【仅变换对象】、【仅变换图案】或【变换两者】命令，如图 5.2 所示。

图 5.2　【变换】面板和菜单

5.1.3 使用定界框变换

当使用工具箱中的【选择工具】选中一个或多个对象，被选对象的周围便会出现一个定界框。通过使用定界框变换对象，只需拖曳对象或手柄即可方便地移动、旋转、复制以及缩放对象，如图 5.3 所示。

图 5.3　使用定界框对选定对象进行缩放之前（左图）与之后（右图）的对比图

5.1.4 缩放对象

缩放操作会使对象沿水平方向或垂直方向放大或缩小。对象相对于参考点缩放，而参考点因所选的缩放方法而不同。用户可更改适合于大多数缩放方法的默认参考点，也可以锁定对象缩放比例。

1．使用缩放工具来缩放对象

选择工具箱中的【选择工具】（快捷键【V】），选中一个或多个对象后，再选择工具箱中的【比例缩放工具】（快捷键【S】），在画板窗口中的任意位置拖曳光标，直至所选对象达到所需大小为止。

2．使用定界框缩放对象

选择工具箱中的【选择工具】（快捷键【V】）或【自由变换工具】（快捷键【E】），选中一个或多个对象后，拖曳定界框手柄，直至对象达到所需大小。

如果要保持对象缩放比例，在拖曳时按住【Shift】键即可；若要相对于对象中心点进行缩放，在拖曳时按住【Alt】键即可。

3. 将对象缩放到特定宽度和高度

选择工具箱中的【选择工具】（快捷键【V】），选中一个或多个对象后，在【变换】面板的【宽】和【高】文本框中输入新的数值。如果要保持对象缩放比例，可以单击【锁定比例】按钮，如图 5.4 所示。

如果要更改缩放参考点，可以单击参考点定位器上的白色方框，如图 5.5 所示。

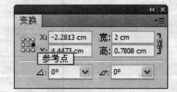

图 5.4　【锁定比例】按钮　　　　　　　　　　　　图 5.5　参考点

如果要将描边路径以及任何与大小相关的效果与对象一起进行缩放，从面板菜单中选择【缩放描边和效果】命令即可，如图 5.6 所示。

图 5.6　【缩放描边和效果】命令

4. 按特定百分比缩放对象

选择工具箱中的【选择工具】（快捷键【V】），选中一个或多个对象后，如果要从对象中心位置进行缩放，则双击【比例缩放工具】，在弹出的【比例缩放】对话框中输入数值即可，如图 5.7 所示。

图 5.7　【比例缩放】对话框

　　若要相对于不同参考点进行缩放，选择工具箱中的【比例缩放工具】（快捷键【S】），按住【Alt】键并单击画板窗口中要作为参考点的位置，在弹出的【比例缩放】对话框中输入数值。

5. 缩放多个对象

　　选择工具箱中的【选择工具】（快捷键【V】），选中多个对象后，再选择【对象】>【变换】>【分别变换】命令，在弹出对话框的【缩放】选项组中设置水平和垂直缩放的百分比即可，如图 5.8 所示。

图 5.8　【分别变换】对话框

5.1.5　倾斜对象

　　倾斜操作可沿水平、垂直轴，或相对于特定轴的特定角度倾斜或偏移对象。选择工具箱中的【选择工具】（快捷键【V】），选中一个或多个对象后，再选择工具箱中的【倾斜工具】，如果要相对于对象中心倾斜，拖曳文档窗口中的任意位置即可，如图 5.9 所示。

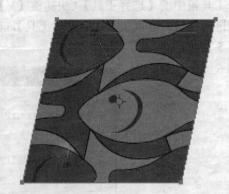

图 5.9　相对于对象中心的倾斜

　　如果要精确地控制倾斜轴向和角度，则双击工具箱中的【倾斜工具】，在弹出的对话框中设置，如图 5.10 所示。

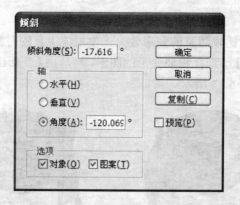

图 5.10 【倾斜】对话框

5.1.6 镜像对象

使用【镜像工具】拖曳所选对象即可翻转对象。选择工具箱中的【镜像工具】（快捷键【O】），选中一个或多个对象后，按住【Shift】键操作，对象将以 45°为增量的角度旋转，如果要精确地控制镜像的角度和方向，则双击工具箱中【镜像工具】，在弹出的对话框中设置，如图 5.11 所示。

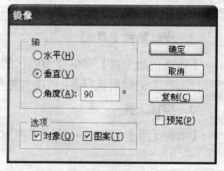

图 5.11 【镜像】对话框

🔆 技 巧

选择【视图】>【显示定界框】或【隐藏定界框】命令，或者按下【Ctrl+Shift+B】组合键可以显示或隐藏定界框。

5.2 图形的扭曲

如果要对一个图形进行任意扭曲，可以使用【自由变换工具】；但如果实现一些如旋转扭曲、收缩或皱褶等效果，就需要使用【液化工具】。

5.2.1 使用【自由变换工具】扭曲对象

选择工具箱中的【选择工具】（快捷键【V】），选中一个或多个对象后，再选择工具箱中的【自由变换工具】（快捷键【E】），先拖曳定界框上的角手柄，然后再按住【Ctrl】键，直至所选对象达到所需的扭曲程度；若要制作透视扭曲按住【Ctrl+Shift+Alt】组合键操作。

5.2.2 使用变形工具扭曲对象

值得注意的是，不能将变形工具用于链接文件或包含文本、图形或符号的对象。

选择工具箱中的【选择工具】（快捷键【V】），选择一个对象后，再选择工具箱中的一种变形工具，然后单击或拖曳要扭曲的对象。

1. 变形工具

【变形工具】可创建比较随意的变形效果，使用该工具的时候可先用选择工具箱中的【选择工具】（快捷键【V】），选择将要变形的图形，然后用【变形工具】（组合键【Shift+R】）在图形上涂抹即可，如图 5.12 所示。

图 5.12　【变形工具】涂抹效果

2. 旋转扭曲工具

【旋转扭曲工具】可创建漩涡状的变形效果，使用该工具的时候，单击并按住鼠标的时间越长，产生的漩涡就越多；单击并拖曳鼠标可在拉伸对象的同时产生漩涡，如图 5.13 所示。

3. 缩拢工具

【缩拢工具】可以使对象产生内收缩的效果，如图 5.14 所示。

图 5.13　【旋转扭曲工具】效果　　　　　　　　图 5.14　【缩拢工具】效果

4. 膨胀工具

【膨胀工具】与【缩拢工具】作用相反，它可以使对象产生向外膨胀的效果，如图 5.15 所示。

5. 扇贝工具

【扇贝工具】可以创建类似贝壳表面的纹路效果，使用该工具的时候，按住鼠标的时间越长，变形的效果越强烈，如图 5.16 所示。

图 5.15 【膨胀工具】效果　　　　　　图 5.16 【扇贝工具】效果

6．晶格化工具

【晶格化工具】与【扇贝工具】的作用相反，扇贝工具产生向内的弯曲，而该工具则产生向外的尖锐凸起，如图 5.17 所示。

7．皱褶工具

【皱褶工具】可创建不规则的起伏效果，使用该工具的时候，单击并按住鼠标的时间越长，起伏效果越明显，如图 5.18 所示。

图 5.17 【晶格化工具】效果　　　　　　图 5.18 【皱褶工具】效果

 技 巧

选择工具箱中的任意一种变形工具后，按住【Alt】键单击并拖曳，即可调整工具的大小。

5.3 组合对象

在绘制图形时，可以把创建的各种不同的矢量对象相互组合，所产生的路径或形状会按照组合路径的不同方法而显示出不同的效果。

可以用 10 种交互模式中的一种来组合多个对象，【路径查找器】面板上面一排按钮为形状模式按钮，它们用来控制图形的组合方式，可创建复合形状；下面一排按钮为路径查找器按钮，只需单击这些按钮，就可以创建最终的形状组合，如图 5.19 所示。

图 5.19 【路径查找器】面板

（1）联集是描摹所有对象的轮廓，就像它们是单独的、已合并的对象一样。此选项产生的结果形状会采用顶层对象的上色属性，如图 5.20 所示。

（2）减去顶层是用最后面的图形减去它前面的所有图形，可保留后面图形的填充和描边，如图 5.21 所示。

图 5.20　联集效果　　　　　　　　　　　　图 5.21　减去顶层效果

（3）交集是描摹被所有对象重叠的区域轮廓，如图 5.22 所示。

图 5.22　交集效果

（4）差集是只保留图形的非重叠部分，重叠部分被挖空，最终图形显示为最前面图形的填充和描边，如图 5.23 所示。

图 5.23　差集效果

（5）分割是将一份图稿分割为作为其构成成分的填充表面，如图 5.24 所示。

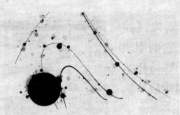 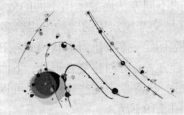

图 5.24　分割效果

（6）修边是删除已填充对象被隐藏的部分，它会删除所有描边，且不会合并相同颜色的对象，如图 5.25 所示。

（7）合并是删除已填充对象被隐藏的部分，它会删除所有描边，且会合并具有相同颜色的相邻或重叠的对象，如图 5.26 所示。

图 5.25　修边效果　　　　　　　　　图 5.26　合并效果

（8）裁剪是只保留图形的重叠部分，最终的图形无描边，并显示为最后面图形的颜色，如图 5.27 所示。

图 5.27　裁剪效果

（9）轮廓是只保留图形的轮廓，轮廓的颜色为它自身的填充色，如图 5.28 所示。

图 5.28　轮廓效果

（10）减去后方对象是从最前面的对象中减去后面的对象，保留最前面图形的非重叠部分及描边和填充颜色，如图 5.29 所示。

图 5.29　减去后方对象效果

（11）扩展是可删除修剪后生成的多余路径。

 **注 意**

【路径查找器】面板中的路径查找器按钮可应用于任何对象、组和图层的组合。单击这些按钮即创建了最终的形状组合，此后，便不能够再编辑原始对象。如果这种效果产生了多个对象，这些对象会被自动编组到一起。

5.4　复合形状

复合形状是可编辑的图稿，由两个或多个对象组成，每个对象都分配有一种形状模式。复合形状简化了复杂形状的创建过程，可以精确地操作每个所含路径的对象的形状模式、堆叠顺序、形状、位置和外观。

复合形状用作编组对象，它在【图层】面板中显示为复合形状项。可以使用【图层】面板来显示、选择和处理复合形状的内容，例如，更改其组件的堆叠顺序，如图 5.30 所示。

图 5.30　【图层】面板中的复合形状项

当创建一个复合形状时，此形状会采用"相加"、"交集"或"差集"模式中最上层组件的上色和透明度属性。之后，可以更改复合形状的上色、样式或透明度属性。

创建复合形状是由两部分组成的过程。首先，建立复合形状，其中所有的组件都具有相同的形状模式；然后，将形状模式分配给组件，直至得到所需的形状区域组合为止。

选择工具箱中的【选择工具】（快捷键【V】），选择要作为复合形状一部分的所有对象，在【路径查找器】面板中，按住【Alt】键单击【形状模式】中的按钮，复合形状的每个组件都会被指定为所选择的形状效果。

 经 验

如果希望更灵活地创建复合路径，则可以创建一个复合形状，然后对其进行扩展。

5.5 综合案例——企业宣传海报

⇨ **学习目的：**

在本案例中，通过使用绘图工具、【路径查找器】面板等制作一个企业宣传海报。

⇨ **重点难点：**

❖ 快捷键和组合键的使用

❖ 【路径查找器】面板的使用方法

制作一个企业宣传海报，最终效果如图 5.31 示。

图 5.31　企业宣传海报

1. 制作渐变底图

01 选择【文件】>【新建】命令（组合键【Ctrl+N】），弹出【新建文档】对话框，设置【宽度】为 30cm、【高度】为 10cm，【颜色模式】为 CMYK，单击【确定】按钮，如图 5.32 所示。

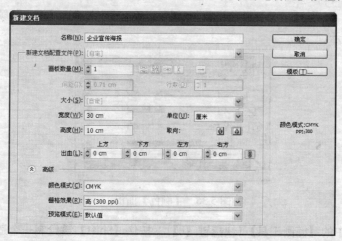

图 5.32　【新建文档】对话框

02 选择【渐变】面板，角度设置为 90°，双击左侧的渐变滑块，【颜色】设置为白色，右侧的渐变滑块的颜色设置为（C0，M10，Y0，K30），如图 5.33 所示。

03 选择工具箱中的【矩形工具】（快捷键【M】），绘制一个宽度为 27cm、高度为 7cm 的矩形。

04 打开【对齐】面板，设置对齐方式为【对齐画板】，如图 5.34 所示。

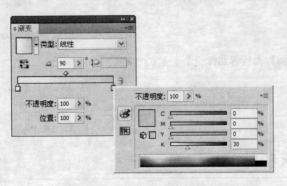

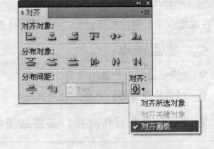

图 5.33　【渐变】面板　　　　　　　　　　　图 5.34　【对齐】面板

05 保持对象的选中状态，单击【对齐】面板中的【水平居中对齐】与【垂直居中对齐】按钮，让图形与画板居中对齐，如图 5.35 所示。

图 5.35　居中对齐图形

06 选择【颜色】面板，【填色】颜色设置为（C0，M0，Y0，K10），【描边】颜色设置为"无"，如图 5.36 所示。

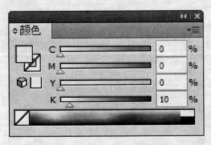

图 5.36　【颜色】面板

07 选择工具箱中的【椭圆工具】（快捷键【L】），按住【Shift】键绘制一个适当大小的正圆，如图 5.37 所示。

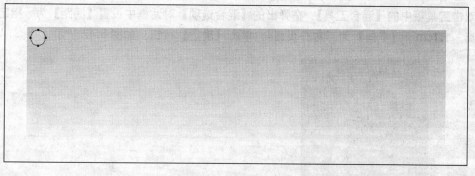

图 5.37　绘制正圆

08 保持对象的选中状态，选择【编辑】>【复制】命令（组合键【Ctrl+C】），复制正圆，选择【编辑】>【贴在前面】命令（组合键【Ctrl+F】），原位粘贴正圆。

09 保持对象的选中状态，选择工具箱中的【选择工具】（快捷键【V】），按住【Shift+Alt】组合键等比例缩放复制的正圆，如图 5.38 所示。

10 保持对象的选中状态，按住【Shift】键用工具箱中的【选择工具】（快捷键【V】）选中原始的正圆，如图 5.39 所示。

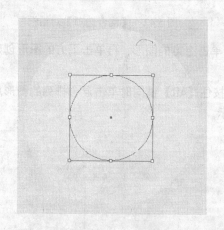

图 5.38　等比例缩放正圆

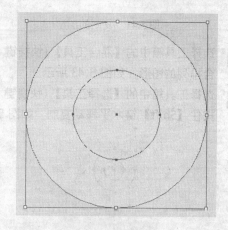

图 5.39　被选中的正圆

11 保持对象的选中状态，单击【路径查找器】面板中的【减去顶层】按钮，如图 5.40 所示。

图 5.40　【路径查找器】面板

12 保持对象的选中状态，选择【编辑】>【复制】命令（组合键【Ctrl+C】），复制正圆，选择【编辑】>【贴在前面】命令（组合键【Ctrl+F】），原位粘贴正圆。

13 保持对象的选中状态，按住【Shift】键将图形垂直移至下方位置，如图 5.41 所示。

14 双击工具箱中的【混合工具】，在弹出的【混合选项】对话框中设置【间距】为"指定的距离、1.1cm"，【取向】为"对齐页面"，单击【确定】按钮，如图 5.42 所示。

图 5.41　复制的图形　　　　　　　　　图 5.42　【混合选项】对话框

15 选择工具箱中的【混合工具】(快捷键【W】)，单击上方的图形，再单击下方的图形创建混合排列的图形，如图 5.43 所示。

16 选择工具箱中的【选择工具】(快捷键【V】)，按住【Alt】键同时单击混合排列的图形后再按住【Shift】键水平移动复制，如图 5.44 所示。

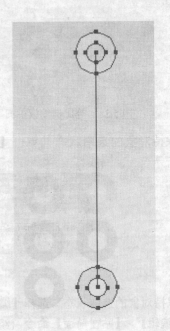

图 5.43　混合排列　　　　　　　　　　图 5.44　水平复制

17 保持对象的选中状态，连续按组合键【Ctrl+D】（一共按 19 次），复制由一组新的图形，如图 5.45 所示。

图 5.45　复制图形

2. 绘制立体效果

01 选择【颜色】面板，【填色】颜色设置为"无"，【描边】颜色设置为"白色"，如图 5.46 所示。

02 选择工具箱中的【椭圆工具】（快捷键【L】），按住【Shift】键绘制一个适当大小的正圆，在【描边】面板中设置【粗细】为 1pt，如图 5.47 和图 5.48 所示。

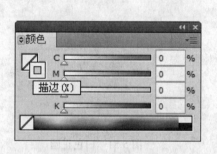

图 5.46　【颜色】面板

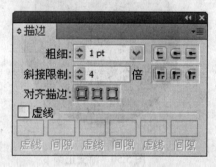

图 5.47　【描边】面板

图 5.48　描边正圆

03 选择【渐变】面板，角度设置为-70°，双击左侧的渐变滑块，颜色设置为（C60，M55，Y50，K0），右侧的渐变滑块颜色设置为（C80，M80，Y65，K40），如图 5.49 所示。

图 5.49 【渐变】面板

04 选择工具箱中的【椭圆工具】(快捷键【L】)，按住【Shift】键绘制一个适当大小的正圆，置于描边正圆内，如图 5.50 所示。

05 选择【颜色】面板，【填色】颜色设置为"白色"，【描边】颜色设置为"无"。

06 选择工具箱中的【椭圆工具】(快捷键【L】)，按住【Shift】键绘制一个适当大小的正圆，置于渐变正圆内，如图 5.51 所示。

 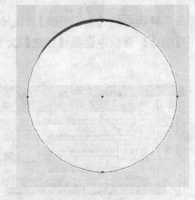

图 5.50 渐变正圆　　　　　　　　　　　　图 5.51 白色正圆

07 选择【渐变】面板，角度设置为-63°，双击左侧的渐变滑块，颜色设置为（C20，M15，Y15，K0），右侧的渐变滑块颜色设置为"白色"。

08 选择工具箱中的【钢笔工具】(快捷键【P】)，在白色正圆的顶部绘制路径并填充颜色，如图 5.52 所示。

图 5.52 绘制路径

09 选择【渐变】面板，角度设置为117°，双击左侧的渐变滑块，颜色设置为（C15，M10，Y10，K0），右侧的渐变滑块颜色设置为"白色"。

10 选择工具箱中的【钢笔工具】（快捷键【P】），在白色正圆的底部绘制路径并填充颜色，如图 5.53 所示。

图 5.53　立体效果

3. 版式设计

01 选择工具箱中的【选择工具】（快捷键【V】），按住【Alt】键将刚刚绘制完成的立体贴士复制 5 个，旋转其角度后，调整细节移至合适位置，如图 5.54 所示。

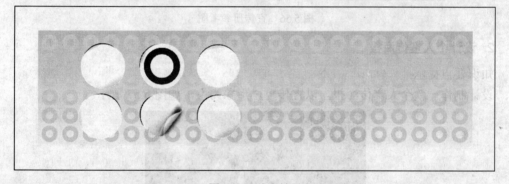

图 5.54　贴士效果

02 在画面上添加相关文字完成整个海报的设计工作，最终效果如图 5.55 所示。

图 5.55　最终效果

5.6 习题

1. 宣传册立体效果

知识要点提示：

将基础案例中的宣传册封面制作为立体效果图，如图 5.56 所示。

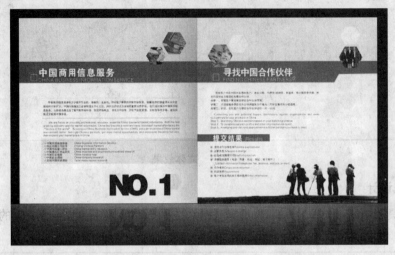

图 5.56 宣传册参考图

2. 设计个人宣传海报

知识要点提示：

设计制作一款个人宣传海报，以宣传自己形象为主，如图 5.57 所示。

图 5.57 个人宣传海报参考图

06

文字的应用

"文字"指平面设计中的文本、标题、说明及艺术字等以文字形式出现的元素。在平面设计中，文字的应用有着非常重要的作用，设计者可以从文字本身的个性流露、点线面空间层次的形成、视觉流动的引导以及文字编排的情感表达等方面深刻地理解，才能使平面设计中的文字和文字群更好地为整体效果服务。

学习目标：

- 了解文字的创建方法
- 理解文字在设计中的重要性
- 掌握路径文字的制作方法

6.1 导入文本

在为Illustrator图稿中添加文字时，可以将其他应用程序创建的文本文件导入到图稿中。如Microsoft Word格式、RTF格式，及使用ANSI、Unicode、Shift JIS、GB2312、中文Big 5、西里尔语、GB18030、希腊语、土耳其语、波罗的语和中欧语编码的纯文本格式。

将文本导入到现有文件中的方法是，选择【文件】>【置入】命令，选择要导入的文本文件，然后单击【置入】按钮即可。

6.2 创建点文字和区域文字

6.2.1 在点处输入文本

点文字是指从单击位置开始并随着字符输入而扩展的一行或一列横排或直排文本。每行文本都是独立的，对其进行编辑时，该行将扩展或缩短，但不会换行，这种方式非常适用于在图稿中输入少量文本的情形。

选择工具箱中的【文字工具】（快捷键【T】）或【直排文字工具】，单击画面任意位置，当鼠标指针变成文字插入指针时即可输入文本。

输入文本时，按【Enter】键可在同一文字对象中开始新的一行文本。

6.2.2 在区域中输入文本

区域文字也称为段落文字，它是利用对象边界来控制字符排列的。当文本触及边界时，会自动换行，使文本在所定义的区域内。

选择工具箱中的【文字工具】（快捷键【T】）或【直排文字工具】，然后拖动对角可以定义矩形定界框，然后在框内输入文本，如图 6.1 所示。

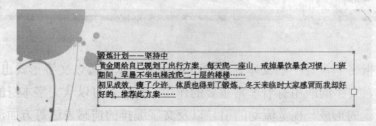

图 6.1 通过拖曳来创建文字区域

如果将现有形状转换为文字区域，可选择工具箱中的【文字工具】（快捷键【T】）、【直排文字工具】、【区域文字工具】或【直排区域文字工具】，然后单击对象路径上的任意位置，在区域内输入文本，如图 6.2 所示。

如果输入的文本量超过区域的容许量，则靠近边框区域底部的位置会出现一个内含加号的小方块，如图 6.3 所示。

图 6.2 将现有形状转换为文字区域　　　　　图 6.3 溢出文本示例

 注 意

如果对象为开放路径，则必须使用【区域文字工具】来定义边框区域，Illustrator会在路径的端点之间绘制一条虚构的直线来定义文字的边界。

6.2.3 调整文本区域的大小

选择工具箱中的【选择工具】（快捷键【V】），选择文字对象，然后拖曳定界框上的手柄就可以调整文本区域的大小，如图 6.4 所示。

图 6.4　调整文本区域的大小

如果要改变文本区域的路径形状，可以选择工具箱中的【直接选择工具】(快捷键【A】)，选择文字路径的边缘或角就可以改变路径形状，如图 6.5 所示。

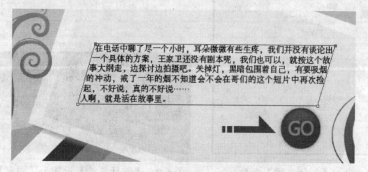

图 6.5　调整文本区域的形状

6.2.4　更改文本区域的边距

在使用区域文字对象时，可以控制文本和边框路径之间的边距，这个边距被称为"内边距"。

选择工具箱中的【选择工具】(快捷键【V】)，选择区域文字对象，然后选择【文字】>【区域文字选项】命令，在弹出的【区域文字选项】对话框中输入【内边距】的值，然后单击【确定】按钮，如图 6.6 和图 6.7 所示。

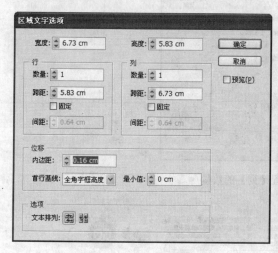

图 6.6　指定【内边距】的值

图 6.7　调整内边距

6.2.5 升高或降低文本区域中的首行基线

在使用区域文字对象时，可以控制第一行文本与对象顶部的对齐方式，这种对齐方式被称为首行基线位移。

选择工具箱中的【选择工具】（快捷键【V】），选择区域文本对象，然后选择【文字】>【区域文字选项】命令，在弹出的【区域文字选项】对话框中设置【首行基线】的选项，在【最小值】文本框中输入基线位移的值，单击【确定】按钮，如图 6.8 和图 6.9 所示。

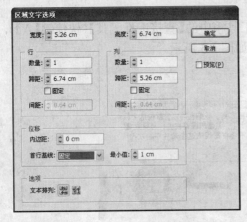

图 6.8　设置【首行基线】参数　　　　图 6.9　【首行基线】设置为【固定】的文本区域

6.2.6 创建文本行和文本列

选择工具箱中的【选择工具】（快捷键【V】），选择区域文字对象，然后选择【文字】>【区域文字选项】命令，在弹出的【区域文字选项】对话框中设置【行】和【列】选项组，单击【确定】按钮，如图 6.10 和图 6.11 所示。

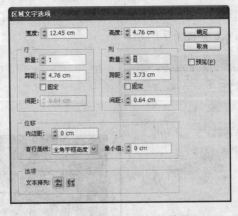

图 6.10　设置【列】的数量

图 6.11　调整【列】数量的文字区域

注 意

若使标题适合文字区域的宽度，先要设定文字区域两端的宽度，然后选择工具箱中的【选择工具】，双击文字区域后选择【文字】>【适合标题】命令即可。

6.3　串接对象之间的文本

若将文本从一个对象串接到下一个对象，必须要链接这些对象，链接的文字对象可以是任何形状；但其文本必须为区域文本或路径文本，而不是点文本。

6.3.1　串接文本

选择工具箱中的【选择工具】（快捷键【V】），选择区域文字对象，单击所选文字对象的输入连接点或输出连接点，当鼠标指针变成已加载文本的图标时，在画板上的空白部分单击或拖曳即可完成文本的串接，如图 6.12 所示。

图 6.12　串接文本

6.3.2　删除或中断串接

选择工具箱中的【选择工具】（快捷键【V】），选中链接的文字对象，若要中断对象间的串接，双击串接任意端的连接点，文本就会排列到第一个对象中，如图 6.13 所示。

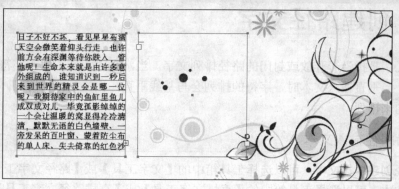

图 6.13　中断串接

6.4 将文本绕排在对象周围

　　Illustrator 可以将区域文本绕排在任何对象的周围，其中包括文字对象、导入的图像以及在 Illustrator 中绘制的对象。如果绕排对象是嵌入的位图图像，Illustrator 则会在不透明或半透明的像素周围绕排文本，而忽略完全透明的像素。

01 选择工具箱中的【选择工具】（快捷键【V】），选中绕排对象，按【Ctrl+Shift+]】组合键将绕排对象置于顶层，如图 6.14 所示。

02 保持绕排对象的选中状态，按住【Shift】键单击选中这些文本，选择【对象】>【文本绕排】>【建立】命令，完成文本的绕排，如图 6.15 所示。

图 6.14　将绕排对象置于顶层

图 6.15　绕排文本效果

经　验

确保要绕排的文字设置成功，该文字必须是区域文字，而且与绕排对象位于相同的图层中，该文字在图层层次结构中位于绕排对象的正下方；若使文本不再绕排在对象周围，选择工具箱中的【选择工具】，选中绕排对象，然后选择【对象】>【文本绕排】>【释放】命令即可。

6.5 创建路径文字

　　路径文字是指沿着开放或封闭的路径排列文字。当水平输入文本时，字符的排列会与基线平行。当垂直输入文本时，字符的排列会与基线垂直。无论是哪种情况，文字都会沿路径的方向来排列。

6.5.1 沿路径输入文本

　　沿路径创建横排文本，可以选择工具箱中的【文字工具】或【路径文字工具】，沿路径创建直排文本，可以选择工具箱中的【直排文字工具】或【直排路径文字工具】，如图 6.16所示。

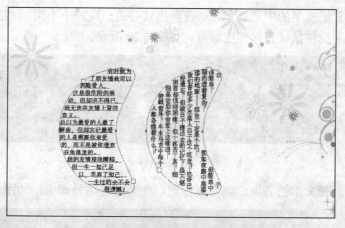

图 6.16　在路径区域内输入横排或竖排文本

　　选择工具箱中的【钢笔工具】(快捷键【P】)，在画面中绘制一条开放路径，如图 6.17 所示。

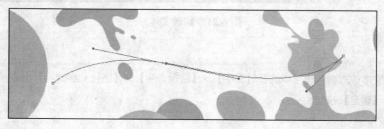

图 6.17　开放的路径

　　选择工具箱中的【文字工具】(快捷键【T】) 或【路径文字工具】，沿路径创建直排文本，如图 6.18 所示。

图 6.18　在开放路径上输入文本

6.5.2　沿路径移动或翻转文本

　　选择工具箱中的【选择工具】(快捷键【V】)，选中路径文字对象，在文字的起点、路径的终点以及之间的中点上，都会出现标记，如图 6.19 所示。

图 6.19　标记显示

将鼠标指针置于文字的中点标记上，直至指针旁边出现一个小图标"⊥"，若要沿路径移动文本，单击并按住鼠标直接拖曳即可，如图 6.20 所示。

图 6.20　移动标记

若要沿路径翻转文本的方向，则拖曳标记，使其越过路径即可，如图 6.21 所示。

图 6.21　翻转文本

技巧

要沿路径翻转文本的方向，也可以选择【文字】>【路径文字】>【路径文字选项】命令，选择【翻转】项，然后单击【确定】按钮。

6.6　设置字符格式

设置字符格式是指设置文字的字体、大小、行距等属性，在创建文字之前或创建文字之后，都可以通过【字符】面板或工具栏来设置字符格式。

选择【窗口】>【文字】>【字符】命令，可以打开【字符】面板，如图 6.22 所示。

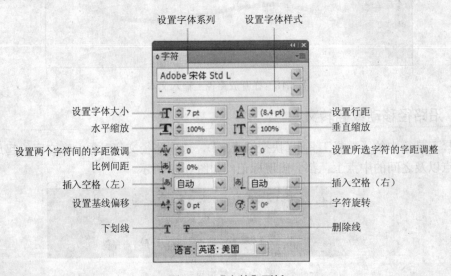

图 6.22　【字符】面板

6.7 设置段落格式

设置段落格式是指设置段落的对齐与缩进、间距和悬挂标点等属性，在【段落】面板中可以设置段落格式。

选择【窗口】>【文字】>【段落】命令，可以打开【段落】面板，如图 6.23 所示。

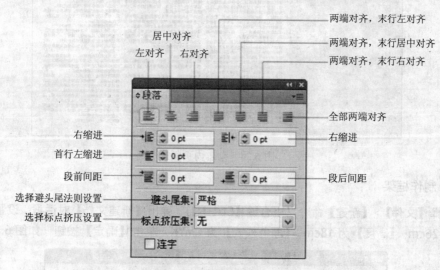

图 6.23 【段落】面板

 技 巧

若将文字转换为轮廓，选择工具箱中的【选择工具】，选中文字对象后，选择【文字】>【创建轮廓】命令即可。

6.8 综合案例——杂志内页版式

学习目的：

在本案例中，通过使用绘图工具、文字工具等制作杂志内页版式。

重点难点：

❖ 创建点文字与区域文字

❖ 编辑文字

制作杂志内页版式，最终效果如图 6.24 所示。

图 6.24 杂志内页版式

1. 制作框架

01 选择【文件】>【新建】命令（组合键【Ctrl+N】），弹出【新建文档】对话框，设置【宽度】为 26cm、【高度】为 18cm，【颜色模式】为 CMYK，单击【确定】按钮，如图 6.25 所示。

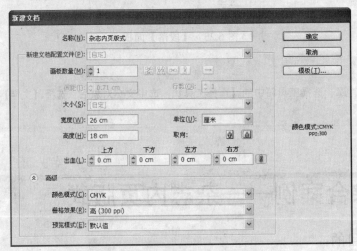

图 6.25 【新建文档】对话框

02 选择【颜色】面板，【填色】颜色设置为（C0，M30，Y100，K0），【描边】颜色设置为"无"。

03 选择工具箱中的【矩形工具】（快捷键【M】），绘制一个宽度为 8cm、高度为 18cm 的矩形。

04 单击【对齐】面板，设置对齐方式为【对齐画板】，如图 6.26 所示。

05 保持对象的选中状态，单击【对齐】面板中的【水平左对齐】与【垂直顶对齐】按钮，让图形与画板对齐，如图 6.27 所示。

图 6.26 【对齐】面板

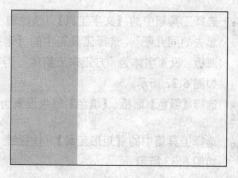

图 6.27 对齐图形

06 选择工具箱中的【文字工具】（快捷键【T】），在色块上方单击并输入文本 Face，选择工具箱中的【选择工具】（快捷键【V】），选中文本并打开【字符】面板，设置字体为 Arial、字体样式为 Bold、字号大小为 90pt、填色颜色为（C0，M0，Y0，K100），如图 6.28 所示。

07 选择工具箱中的【选择工具】（快捷键【V】），按住【Alt】键并单击文本后再按住【Shift】键垂直移动，复制文本，如图 6.29 所示。

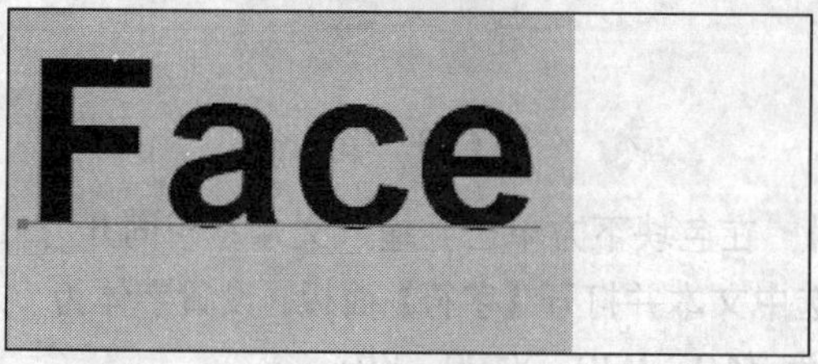

图 6.28 编辑文字

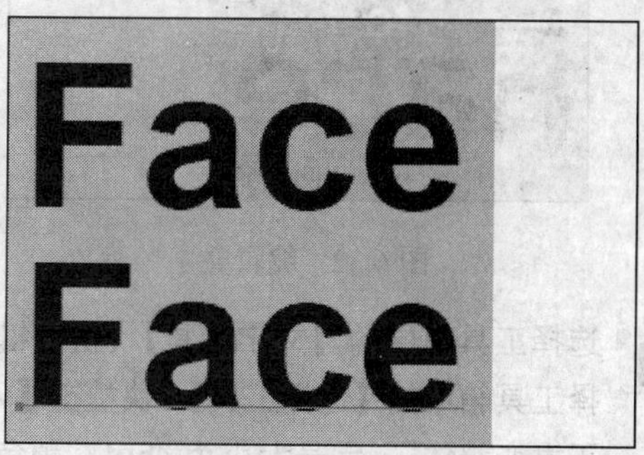

图 6.29 垂直复制文本

08 选择【颜色】面板，【填色】颜色设置为（C0，M0，Y0，K100），【描边】颜色设置为"无"。

09 选择工具箱中的【椭圆工具】（快捷键【L】），按住【Shift】键绘制一个适当大小的正圆，如图 6.30 所示。

10 选择工具箱中的【文字工具】（快捷键【T】），在正圆内单击并输入文本 to，选择工具箱中的【选择工具】（快捷键【V】），选中文本并打开【字符】面板，设置字体为 Arial、字体样式为 Bold，字号大小为 30pt、填色颜色为（C0，M0，Y0，K0），如图 6.31 所示。

图 6.30 绘制正圆

图 6.31 编辑文字

11 选择工具箱中的【文字工具】（快捷键【T】），在 Face 文字下方单击并输入文本"来，一起去胡同儿吧"，选择工具箱中的【选择工具】（快捷键【V】），选中文本并打开【字符】面板，设置字体为"方正宋三简体"、字号大小为 18pt、填色颜色为（C0，M0，Y0，K100），如图 6.32 所示。

12 选择【颜色】面板，【填色】颜色设置为（C0，M20，Y100，K0），【描边】颜色设置为"无"。

13 选择工具箱中的【矩形工具】（快捷键【M】），在文档左侧任意绘制几条长短不一的矩形，如图 6.33 所示。

图 6.32　编辑文字

图 6.33　绘制图形

14 选择工具箱中的【文字工具】（快捷键【T】），在色块下方单击并输入文本"胡同儿"，选择工具箱中的【选择工具】（快捷键【V】），选中文本并打开【字符】面板，设置字体为"方正隶变繁体"、字号大小为 45pt、填色颜色为（C0，M20，Y100，K0）。

15 保持文字对象的选中状态，按组合键【Ctrl+Shift+O】将文字转换为轮廓，按组合键【Ctrl+Shift+G】取消文字编组，选择工具箱中的【选择工具】（快捷键【V】），将解组后的文字移至合适位置，如图 6.34 所示。

图 6.34　文字排列

16 选择【颜色】面板，【填色】颜色设置为（C0，M0，Y0，K100），【描边】颜色设置为"无"。

17 选择工具箱中的【椭圆工具】（快捷键【L】），按住【Shift】键绘制多个大小不一的正圆，如图 6.35 所示。

18 选择工具箱中的【选择工具】（快捷键【V】），选中刚刚绘制的一个正圆，打开【不透明度】面板，设置【不透明度】为 50%，如图 6.36 所示。

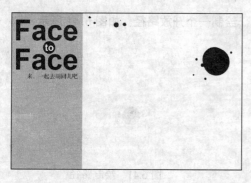

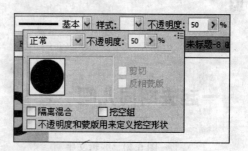

图 6.35　绘制正圆　　　　　　　　　　　　图 6.36　【不透明度】面板

19 使用工具箱中的【选择工具】（快捷键【V】）选中其他正圆，依次调整其不透明度，如图 6.37 所示。

20 选择工具箱中的【晶格化工具】，单击并按住鼠标左键拖曳，改变正圆的形状，如图 6.38 所示。

图 6.37　调整图形的不透明度　　　　　　　图 6.38　晶格化效果

2. 文字排版

01 选择工具箱中的【文字工具】（快捷键【T】），单击并输入文本"一起去胡同儿吧"，选择工具箱中的【选择工具】（快捷键【V】），选中文本并打开【字符】面板，设置字体为"方正大黑简体"、字号大小为 28pt、填色颜色（C0，M0，Y0，K100），如图 6.39 所示。

图 6.39　编辑文字

02 选择工具箱中的【文字工具】（快捷键【T】），在正圆位置单击并输入文本"来"，选择工具箱中的【选择工具】（快捷键【V】），选中文本并打开【字符】面板，设置字体为"方正大黑简体"、字号大小为 90pt、填色颜色为（C0，M0，Y0，K0），如图 6.40 所示。

03 选择工具箱中的【钢笔工具】（快捷键【P】），绘制一个开放路径，如图 6.41 所示。

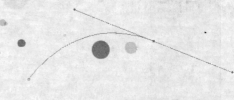

图 6.40　编辑文字　　　　　　　　　　　　　图 6.41　绘制路径

04 选择工具箱中的【文字工具】（快捷键【T】），在路径起始处单击并输入文本"朋友们，来，一起去胡同儿吧。"，选择工具箱中的【选择工具】（快捷键【V】），选中文本并打开【字符】面板，设置字体为"方正中等线简体"、字号大小为 8pt、填色颜色为（C0，M0，Y0，K60），如图 6.42 所示。

图 6.42　输入文本

05 选择【颜色】面板，【填色】颜色设置为（C0，M0，Y0，K100），【描边】颜色设置为"无"。

06 选择工具箱中的【矩形工具】（快捷键【L】），绘制一个矩形，如图 6.43 所示。

07 选择【颜色】面板，【填色】颜色设置为"无"，【描边】颜色设置为（C0，M0，Y0，K100）。

08 选择工具箱中的【直线段工具】（快捷键【\】），按住【Shift】键在合适位置绘制一条水平线段，如图 6.44 所示。

图 6.43　绘制矩形　　　　　　　　　　　　　图 6.44　绘制水平线段

09 选择【文件】>【置入】命令，打开"光盘/素材/第 6 章/来一起去胡同儿吧.rtf"文件，单击【置入】按钮，在弹出的【Microsoft Word 选项】对话框中选中所有复选框，单击【确定】按钮，如图 6.45 所示。

10 选择工具箱中的【选择工具】（快捷键【V】），选中置入的文本并打开【字符】面板，设置字体为"方正中等线简体"、字号大小为 8pt，如图 6.46 所示。

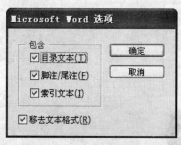

图 6.45　【Microsoft Word 选项】对话框

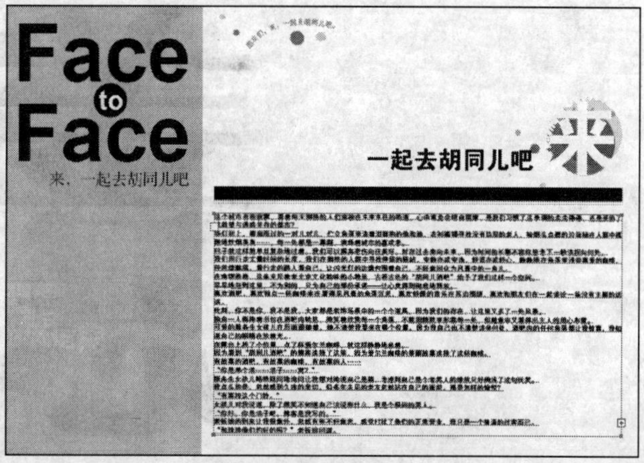

图 6.46　编辑文字

11 保持文字对象的选中状态，选择【文字】>【区域文字选项】命令，在弹出的【区域文字选项】对话框中设置【列】的数量为 3、【间距】为 0.3cm，单击【确定】按钮，如图 6.47 所示。

12 选择工具箱中的【文字工具】（快捷键【T】），单击并输入文本"这个城市有些寂寥，看着每天拥挤的人们穿梭在车来车往的街道，心中难免会暗自揣摩……"，选择工具箱中的【选择工具】（快捷键【V】），选中文本并打开【字符】面板，设置字体为"方正黑体简体"、字号大小为 8pt、填色颜色为（C0，M0，Y0，K0），将文本区域移至合适位置完成杂志内页版式制作，如图 6.48 所示。

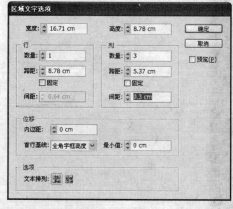

图 6.47　【区域文字选项】对话框

图 6.48　最终效果

6.9　习题

1. 设计文字变形

知识要点提示：

将文字转换为轮廓后进行变形设计，如图 6.49 所示。

图 6.49 字体变形参考图

2. 设计书签

知识要点提示：

为一本新书设计制作书签，如图 6.50 所示。

图 6.50 书签设计参考图

07

图层与蒙版的应用

图层用于管理组成图稿的所有对象，它包含了所有图稿内容，文档中的图层结构可以很简单，也可以很复杂。默认情况下，所有项目都被组织到一个单一的父图层中，在绘制复杂的图形时，使用图层可以有效地管理图形，提高工作效率。而蒙版用于遮罩对象，但不会给对象造成任何破坏。

学习目标：

- 了解图层的使用方法
- 理解蒙版在设计中的重要性
- 掌握图层与蒙版的综合使用方法

7.1　图层

创建和编辑复杂图稿时，要跟踪文档窗口中的所有项目绝非易事。有些较小的项目隐藏于较大的项目之下，增加了选择的难度。而图层则提供了一种有效的方法来管理组成图稿的所有项目。

7.1.1　【图层】面板

选择【窗口】>【图层】命令，打开【图层】面板，如图 7.1 所示。

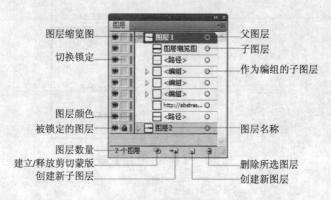

图 7.1　【图层】面板

默认情况下，每个新建的文档都包含一个图层，而每个创建的对象都在该图层之下列出。当然还可以创建新的图层，并可根据需求，以最适合的方式对项目进行重排。

1. 父图层/子图层

单击【创建新图层】按钮，可以创建一个图层（即父图层），单击【创建新子图层】按钮，可在当前选择的父图层内新建一个子图层。

2. 眼睛图标

单击眼睛图标可对图层进行显示与隐藏的切换，被隐藏的图层不能进行任何编辑。

3. 切换锁定

被锁定的图层不能再做任何编辑，单击锁定图标方可解除锁定。

4. 删除图层

将图层拖曳到【删除】按钮上即可删除该图层。

7.1.2 将对象移动到另一个图层

选择工具箱中的【选择工具】（快捷键【V】），选中要移动的对象，在【图层】面板中单击所要移动到的图层名称，然后选择【对象】>【排列】>【发送至当前图层】命令即可。

7.1.3 将项目释放到单独的图层

【释放到图层】命令可以将图层中的所有项目重新分配到各图层中，并根据对象的堆叠顺序在每个图层中构建新的对象。

在【图层】面板中，单击图层或组的名称，如果要将每个项目都释放到新的图层，在【图层】面板菜单中选择【释放到图层（顺序）】命令即可，如图 7.2 所示。

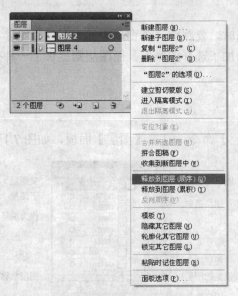

图 7.2 　【释放到图层】命令

7.1.4 在【图层】面板中选择对象

创建复杂的图形时，较小的对象往往会被较大的对象遮挡，这就增加了选择对象的难度，而可通过【图层】面板来快速、准确地选择对象。

单击【图层】面板中该对象所在图层右侧的圆形图标即可选中对象，如图 7.3 所示。

图 7.3　在图层中选择对象

　技　巧

可以单击并拖曳鼠标直接将被选中的对象移动到目标图层。

7.1.5 更改图层的堆叠顺序

当绘制图稿时，最先创建的图层位于【图层】面板的最底层，后创建的图层依次向上堆叠，在【图层】面板中拖动图层，可以改变图层的堆叠顺序，如图 7.4 所示。

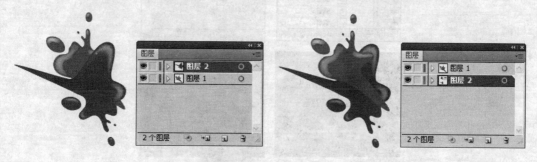

图 7.4　更改图层堆叠顺序

　技　巧

如果将图层拖至另外的图层内，该图层便会成为目标图层的子图层。

Illustrator

7.1.6 合并图层

　　合并图层可以将对象、组和子图层合并到同一图层或组中。使用拼合功能，可以将图稿中的所有可见项目都合并到同一图层中。无论使用哪种功能，图稿的堆叠顺序都将保持不变，如图 7.5 所示。

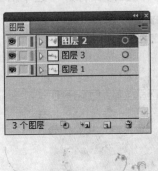

图 7.5　合并图层

7.1.7 隔离组和子图层

　　隔离组或子图层是一种特殊的编辑模式，在这种模式下，只有某一组或某一图层中的对象可以编辑，当想要编辑一部分对象而又不想影响其他对象时，采用隔离模式是非常有用的，如图 7.6 所示。

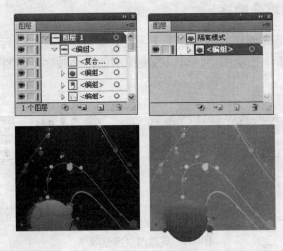

图 7.6　隔离模式

 技 巧

选择工具箱中的【选择工具】并双击组对象即可隔离组。

7.2 透明度和混合模式

7.2.1 【透明度】面板

选择【窗口】>【透明度】命令，打开【透明度】面板，如图 7.7 所示。

图 7.7 【透明度】面板

如果定位了一个图层或组，然后改变其不透明度，则图层或组中的所有对象都会被改变。只有位于图层或组外面的对象及其下方的对象可以通过透明对象显示出来。如果某个对象被移入此图层或组，它就会具有此图层或组的不透明度设置，而如果某一对象被移出，则其不透明度设置也将被去掉，不再保留。

 注 意

> 了解是否正在使用不透明度设置是非常重要的，因为要打印及存储透明图稿，必须另外设置一些选项。在图稿中查看不透明度，选择【视图】>【显示网格】命令可显示背景网格以确定图稿的透明区域。

7.2.2 混合模式

混合模式可以用不同的方式将对象颜色与底层对象的颜色混合。当将一种混合模式应用于某一对象时，在此对象的图层或组下方的任何对象上都可看到混合模式的效果，如图 7.8 所示。

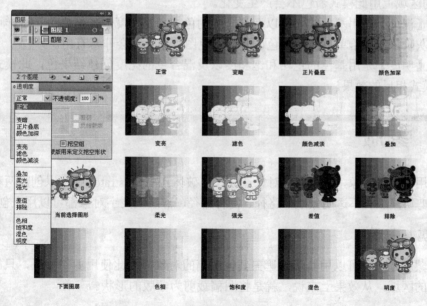

图 7.8 混合模式

（1）【正常】是使用混合色对选区上色，而不与基色相互作用，这是默认模式。

（2）【变暗】是选择基色或混合色中较暗的一个作为结果色。

（3）【正片叠底】是将基色与混合色相乘，得到的颜色总是比基色和混合色都要暗一些，将任何颜色与黑色相乘都会产生黑色，将任何颜色与白色相乘则颜色保持不变，其效果类似于使用多个魔术笔在页面上绘图。

（4）【颜色加深】是加深基色以反映混合色，与白色混合后不产生变化。

（5）【变亮】是选择基色或混合色中较亮的一个作为结果色，比混合色暗的区域将被结果色所取代，比混合色亮的区域将保持不变。

（6）【滤色】是将混合色的反相颜色与基色相乘，得到的颜色总是比基色和混合色都要亮一些。用黑色滤色时颜色保持不变，用白色滤色时将产生白色，此效果类似于多个幻灯片图像在彼此之上投影。

（7）【颜色减淡】是加亮基色以反映混合色，与黑色混合则不发生变化。

（8）【叠加】是对颜色进行相乘或滤色，具体取决于基色，图案或颜色叠加在现有的图稿上，在与混合色混合以反映原始颜色的亮度和暗度的同时，保留基色的高光和阴影。

（9）【柔光】是使颜色变暗或变亮，具体取决于混合色。此效果类似于漫射聚光灯照在图稿上。

（10）【强光】是对颜色进行相乘或过滤，具体取决于混合色，此效果类似于耀眼的聚光灯照在图稿上。

（11）【差值】是从基色减去混合色或从混合色减去基色，具体取决于哪一种的亮度值较大，与白色混合将反转基色值，与黑色混合则不发生变化。

（12）【排除】是创建一种与【差值】模式相似但对比度更低的效果，与白色混合将反转基色分量，与黑色混合则不发生变化。

（13）【色相】是用基色的亮度和饱和度以及混合色的色相创建结果色。

（14）【饱和度】是用基色的亮度和色相以及混合色的饱和度创建结果色，在无饱和度（灰度）的区域上用此模式着色不会产生变化。

（15）【混色】是用基色的亮度以及混合色的色相和饱和度创建结果色，这样可以保留图稿中的灰阶，对于给单色图稿上色以及给彩色图稿染色都会非常有用。

（16）【明度】是用基色的色相和饱和度以及混合色的亮度创建结果色，此模式创建与【混色】模式相反的效果。

7.3 蒙版

蒙版用于遮罩对象，但不会给对象造成任何破坏。在 Illustrator 中可以创建两种类型的蒙版，即剪切蒙版和不透明蒙版，路径、复合路径、群组或文字对象都可以用来创建蒙版。

7.3.1 剪切蒙版

剪切蒙版是一种可以用其形状遮盖其他图稿的对象，因此使用剪切蒙版，只能看到蒙版形状内的区域，从效果上来说，就是将图稿裁剪为蒙版的形状。

01 选择工具箱中的任意绘图工具在被遮罩的对象上面绘制一个路径图形，并将其选中，如图 7.9 所示。

02 单击【图层】面板中的【建立/释放剪切蒙版】按钮即可创建剪切蒙版，如图 7.10 所示。

图 7.9　剪贴路径

图 7.10　剪切蒙版

7.3.2　编辑剪切蒙版

01 在【图层】面板中，选择并定位剪贴路径，如图 7.11 所示。

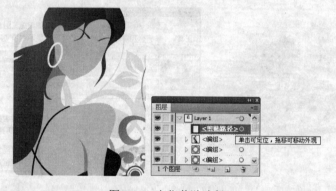

图 7.11　定位剪贴路径

02 选择工具箱中的【直接选择工具】（快捷键【A】），拖曳对象的参考点移动剪贴路径，如图 7.12 所示。

图 7.12　编辑剪贴路径

若要释放剪切蒙版，可以将用于遮盖对象的剪贴路径移出蒙版图层，或者选中剪切蒙版图层，单击【图层】面板中的【建立/释放剪切蒙版】按钮即可。

7.3.3 不透明蒙版

Illustrator 使用蒙版对象中颜色的等级灰度来表示蒙版中的不透明度。如果不透明蒙版为白色，则会完全显示图稿，如果不透明蒙版为黑色，则会隐藏图稿，蒙版中的灰阶会导致图稿中出现不同程度的透明度。

01 选择工具箱中的任意绘图工具在被遮罩的对象上绘制一个路径图形，设置颜色为径向渐变，如图 7.13 所示。

02 选择工具箱中的【选择工具】(快捷键【V】)，将蒙版图形和被遮罩的对象全部选中，单击【透明度】面板菜单中的【建立不透明蒙版】命令，即可创建不透明蒙版，如图 7.14 所示。

图 7.13 蒙版图形

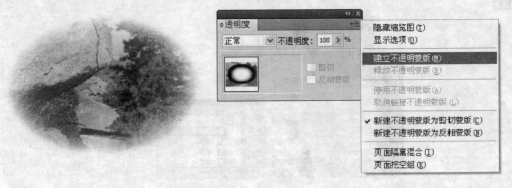

图 7.14 建立不透明蒙版

7.3.4 编辑不透明蒙版

创建不透明蒙版后，在【透明度】面板中会出现两个缩览图，位于左侧的是对象缩览图，右侧的是蒙版缩览图，如图 7.15 所示。

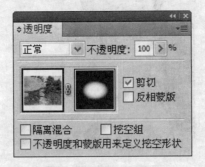

图 7.15 不透明蒙版缩览图

如果要编辑对象，单击【透明度】面板中右侧的蒙版对象缩览图即可进入编辑状态。此外，还可以通过其他选项来编辑不透明蒙版。

（1）【剪切】复选框在默认情况下为选中状态，即蒙版对象以外的部分都被剪切掉，如果取消勾选该复选框，则位于蒙版以外的对象将显示出来。

（2）选中【反相蒙版】复选框可以反转蒙版的遮罩范围。

（3）在【图层】面板中选择一个图层或组，然后选中【隔离混合】复选框，可以将混合模式与所选图层或组隔离，使它们下方的对象不受混合模式影响。

（4）选中【挖空组】复选框可以保证群组对象中单独的对象或图层在相互重叠的地方不能透过彼此而显示。

（5）【不透明度和蒙版用来定义挖空形状】复选框用来创建与对象不透明度成比例的挖空效果。挖空是指透过当前的对象显示出下面的对象，要创建挖空，对象应适用除【正常】模式以外的混合模式。

经　验

如果要释放不透明蒙版，单击【透明度】面板菜单中的【释放不透明蒙版】命令即可释放不透明蒙版。

7.4　拼合

当打印、保存或导出为其他不支持透明的文件格式时，可能需要进行拼合。若要在创建 PDF 文件时保留透明度而不进行拼合，可以将文件保存为 Adobe PDF 1.4 (Acrobat 5.0) 或更高版本的格式。

用户可以指定拼合设置，然后保存并应用为透明度拼合器预设，透明对象会依据所选拼合器预设中的设置进行拼合。

7.4.1　保留透明度的文件格式

当以特定格式存储 Illustrator 文件时，原透明度信息会保留下来。例如，以 Illustrator CS EPS 格式存储文件时，文件将包含本机 Illustrator 数据和 EPS 数据。当在 Illustrator 中重新打开该文件时，就会读取原生（未拼合的）数据。当把文件放入另一应用程序时，就会读取 EPS（拼合的）数据。

7.4.2　设置打印透明度拼合选项

选择【文件】>【打印】命令，选择【打印】对话框左侧的【高级】选项，从【预设】菜单中选择一种拼合预设，或者单击【自定】按钮以设置特定的拼合选项，如图7.16 所示。

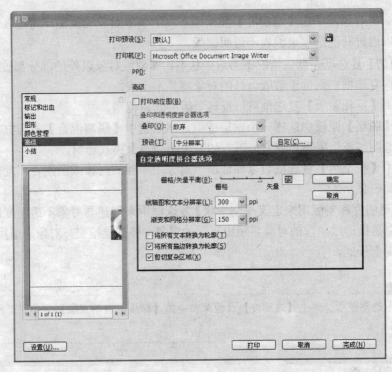

图7.16 【打印】对话框

如果图稿中含有包含透明度对象的叠印对象，就从【叠印】菜单中选择一个选项，可以保留、模拟或放弃叠印，如图7.17所示。

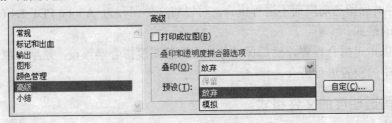

图7.17 【叠印】选项

7.5 综合案例——宣传单

学习目的：

在本案例中，通过使用文字工具、【图层】、【透明度】面板等工具制作宣传单。

重点难点：

❖ 创建点文字与区域文字

❖ 蒙版应用

制作一款宣传，最终效果如图7.18所示。

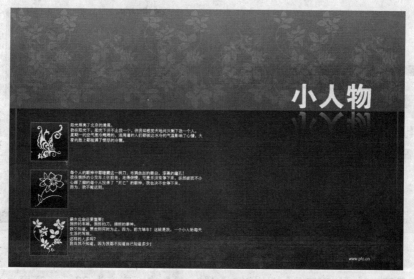

图 7.18　宣传单

1. 制作底图

01 选择【文件】>【新建】命令（组合键【Ctrl+N】），弹出【新建文档】对话框，设置【宽度】为 28cm、【高度】为 18cm，【颜色模式】为 CMYK，单击【确定】按钮，如图 7.19 所示。

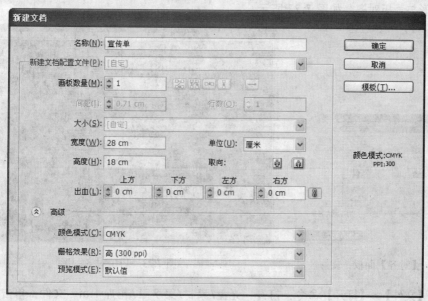

图 7.19　【新建文档】对话框

02 选择【渐变】面板，设置【类型】为"线性"、角度为-90°，单击渐变滑块空白处新添加两个滑块，如图 7.20 所示。

03 双击【渐变】面板左侧的第一个渐变滑块，依次设置 4 个滑块的颜色为（C70，M30，Y0，K0）、（C85，M60，Y0，K0）、（C95，M80，Y20，K0）、（C100，M95，Y60，K40），如图 7.21 所示。

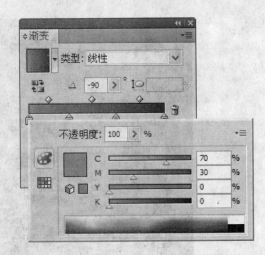

图 7.20 【渐变】面板　　　　　　　　　　　图 7.21 设置滑块颜色

04 选择工具箱中的【矩形工具】(快捷键【M】)，绘制一个宽度为 28cm、高度为 18cm 的矩形。

05 选择【对齐】面板，设置对齐方式为【对齐画板】，如图 7.22 所示。

06 保持对象的选中状态，单击【对齐】面板中的【水平居中对齐】与【垂直居中对齐】按钮，让图形与画板对齐，如图 7.23 所示。

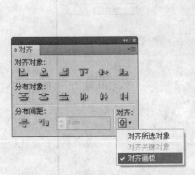

图 7.22 【对齐】面板　　　　　　　　　　　图 7.23 居中对齐图形

07 选择【文件】>【打开】命令，打开"光盘/素材/第 7 章/花卉 1.ai"文件，单击【打开】按钮，如图 7.24 所示。

图 7.24 花卉素材

08 选择工具箱中的【选择工具】(快捷键【V】)，选中花卉素材，单击【渐变】面板，【类型】设置为"线性"、角度设置为-90°，双击左侧的渐变滑块，颜色设置为（C100，M100，Y60，K15），右侧的渐变滑块颜色设置为（C90，M90，Y90，K80），如图7.25所示。

图 7.25 设置渐变颜色

09 保持对象的选中状态，按组合键【Ctrl+C】复制"花卉1"文件中的花卉素材，再单击激活"宣传单"文档，按快捷键【Ctrl+V】将花卉素材复制到文档中，如图7.26所示。

图 7.26 复制到文档中的花卉素材

10 保持花卉素材的选中状态，打开【透明度】面板，设置混合模式为"滤色"，如图7.27所示。

图 7.27 设置混合模式

11 选择工具箱中的【选择工具】(快捷键【V】)，选中花卉对象，按住【Alt】键复制3个副本，并移至合适位置，如图7.28所示。

图 7.28　复制花卉对象

12 选择【渐变】面板，设置【类型】为"线性"、角度为 90°，单击渐变滑块空白处新添加两个滑块。

13 双击【渐变】面板左侧的第一个渐变滑块，依次设置 4 个滑块的颜色为（C70，M30，Y0，K0）、（C85，M60，Y0，K0）、（C95，M80，Y20，K0）、（C100，M95，Y60，K40）。

14 选择选择工具箱中的【矩形工具】（快捷键【M】），绘制一个宽度为 28cm、高度为 11cm 的矩形，单击【对齐】面板中的【水平居中对齐】与【垂直底对齐】按钮，让图形与画板对齐。

15 保持对象的选中状态，选择【透明度】面板，设置混合模式为"正片叠底"，如图 7.29 所示。

图 7.29　设置混合模式

16 选择【渐变】面板，设置【类型】为"线性"、角度为-90°，双击左侧的渐变滑块，颜色设置为（C100，M90，Y40，K15），右侧的渐变滑块颜色设置为（C100，M100，Y100，K100），【描边】颜色设置为（C75，M30，Y0，K0）。

17 选择工具箱中的【矩形工具】(快捷键【M】),按住【Shift】键绘制 3 个正方形,打开【描边】面板,设置【粗细】为"1pt",如图 7.30 所示。

图 7.30　绘制矩形

18 选择【文件】>【打开】命令,打开"光盘/素材/第 7 章/花卉 2.ai"文件,单击【打开】按钮,如图 7.31 所示。

19 选择工具箱中的【选择工具】(快捷键【V】),选中花卉素材,按组合键【Ctrl+C】复制"花卉 2"文件中的素材,再单击激活"宣传单"文档,按组合键【Ctrl+V】将花卉素材复制到文档中,并移至矩形色块中。

20 保持花卉对象的选择状态,选择【颜色】面板,【填色】颜色设置为(C0,M0,Y0,K0),【描边】颜色设置为"无",如图 7.32 所示。

图 7.31　花卉素材　　　　　　　　　　图 7.32　复制花卉素材

2. 制作文字倒影

01 单击【图层】面板中的【创建新图层】按钮,创建"图层 2"图层。

02 选择工具箱中的【文字工具】(快捷键【T】),在文档右上方单击并输入文本"小人物",选择工具箱中的【选择工具】(快捷键【V】),选中文本并打开【字符】面板,设置字体为"方正大黑简体"、字号大小为55pt、填色颜色为(C0,M0,Y0,K0),如图7.33所示。

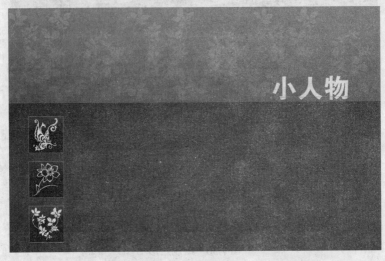

图7.33 编辑文字

03 选择工具箱中的【选择工具】(快捷键【V】),选中文本,按住【Alt】键复制一个副本,如图7.34所示。

04 保持复制文本对象的选中状态,双击工具箱中的【镜像工具】,在弹出的对话框中选中【水平】单选按钮,单击【确定】按钮,如图7.35所示。

图7.34 复制文本   图7.35 【镜像】对话框

05 选择【渐变】面板,设置【类型】为"线性"、角度为-90°,双击左侧的渐变滑块,颜色设置为(C0,M0,Y0,K0),右侧的渐变滑块颜色设置为(C0,M0,Y0,K100)。

06 选择工具箱中的【矩形工具】(快捷键【M】),在复制文本上方绘制一个矩形,如图7.36所示。

07 选择工具箱中的【选择工具】(快捷键【V】),选中矩形与复制文本,单击【透明度】面板菜单中的【建立不透明蒙版】命令创建不透明蒙版,如图7.37所示。

图7.36 绘制矩形

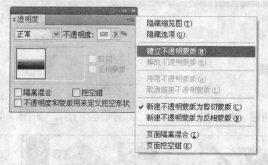

图 7.37 　【透明度】面板

08 保持不透明蒙版对象的选中状态，选择工具箱中的【选择工具】（快捷键【V】），将其移至合适位置，如图 **7.38** 所示。

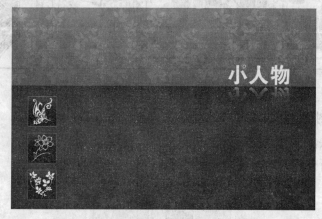

图 7.38 　创建不透明蒙版

3. 版式设计

01 单击【图层】面板中的【创建新图层】按钮，创建"图层 3"图层。

02 选择工具箱中的【文字工具】（快捷键【T】），在矩形色块右侧单击并拖曳出矩形定界框，在框内输入文本，完成宣传单的制作，如图 **7.39** 所示。

图 7.39 　最终效果

7.6 习题

1. 设计演唱会门票

知识要点提示:

使用本章讲解的创建蒙版的方法设计一款演唱会门票,如图 7.40 所示。

图 7.40 门票参考图

2. 设计挂历封面

知识要点提示:

综合前几章所介绍的知识设计一款挂历封面,如图 7.41 所示。

图 7.41 挂历封面参考图

Chapter 08

画笔、符号与混合的应用

画笔可使路径的外观具有不同的风格，可以将画笔描边应用于现有的路径，也可以使用画笔工具在绘制路径的同时应用画笔描边；而符号是在文档中可重复使用的图形对象，可以灵活、快速地调整和修饰符号图形的大小、距离、色彩、样式等；混合是指在两个或多个图形之间生成一系列的中间对象。

学习目标：

- 了解画笔的使用方法
- 理解符号在设计中的应用范围
- 掌握画笔、符号与混合的综合使用方法

8.1 画笔

画笔可以为路径添加不同风格的外观，也可以将画笔描边应用于现有的路径，还可以使用【画笔工具】在绘制路径的同时应用画笔描边。

8.1.1 【画笔】面板

选择【窗口】>【画笔】命令，打开【画笔】面板，如图 8.1 所示。

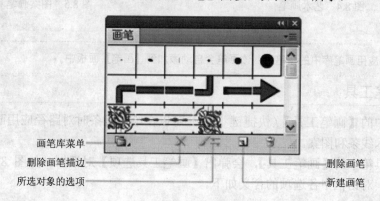

画笔库菜单
删除画笔描边
所选对象的选项
删除画笔
新建画笔

图 8.1 【画笔】面板

Illustrator 中有 4 种类型的画笔，书法画笔可创建书法效果的描边，如图 8.2 所示。

散布画笔可以将一个对象（如一只瓢虫或一片树叶）沿着路径分布，如图 8.3 所示。

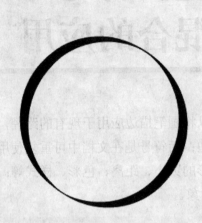

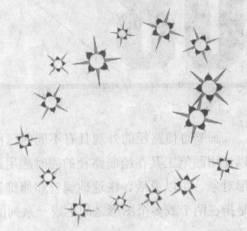

图 8.2　书法画笔　　　　　　　　　　　　　图 8.3　散布画笔

艺术画笔能够沿着路径的长度均匀拉伸画笔的形状或对象的形状，可以模拟水彩、毛笔、炭笔等效果的笔迹，如图 8.4 所示。

图案画笔可以使图案沿着路径重复拼贴，如图 8.5 所示。

图 8.4　艺术画笔　　　　　　　　　　　　　图 8.5　图案画笔

技巧

在对所选图形应用画笔库中的画笔时，该画笔会自动添加到【画笔】面板中。

8.1.2　画笔工具

工具箱中的【画笔工具】（快捷键【B】）可以在绘制线条时对路径应用画笔描边，创建出各种艺术线条和图案。

双击工具箱中的【画笔工具】，会弹出【画笔工具选项】对话框，如图 8.6 所示。【画笔工具选项】对话框中各选项的含义如下。

01 02 03 04 05 06 07 08 09 10 11

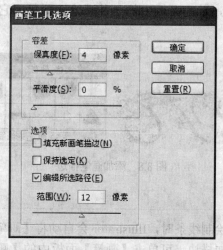

图 8.6　【画笔工具选项】对话框

（1）【保真度】控制必须将鼠标或光笔移动多大距离，Illustrator 才会向路径添加新锚点。例如，当【保真度】值为 4 时，表示小于 4 像素的工具移动将不生成锚点。保真度的范围可介于 0.5～20 像素之间；值越大，路径越平滑，复杂程度越小。

（2）【平滑度】控制使用工具时 Illustrator 应用的平滑量，平滑度的范围为 0%～100%；百分比越高，路径越平滑。

（3）【填充新画笔描边】复选框控制将填色应用于路径，该复选框在绘制封闭路径时最有用。

（4）【保持选定】复选框控制在绘制路径之后是否让 Illustrator 保持路径的选中状态。

（5）【编辑所选路径】复选框控制是否可以使用【画笔工具】更改现有路径。

（6）【范围】确定鼠标或光笔需与现有路径相距多大距离之内，才能使用【画笔工具】来编辑路径。此选项仅在选中了【编辑所选路径】复选框时可用。

选择工具箱中的【画笔工具】，单击并拖曳即可绘制线条；如果要封闭路径，可在绘制的过程中按住【Alt】键，然后在绘制过程中释放鼠标按键即可。

技 巧

使用【画笔工具】绘制的线条是路径，因此，可以使用锚点编辑工具对其进行编辑和修改。

8.1.3　应用画笔描边

在 Illustrator 中，可以将画笔描边应用于由任何绘图工具创建的路径，包括钢笔工具、铅笔工具或基本的形状工具。

选择工具箱中的【钢笔工具】（快捷键【P】），任意绘制一个图形，如图 8.7 所示。

图 8.7　绘制图形

保持对象的选中状态，单击面板中的一种画笔，即可为它应用画笔描边，如图 8.8 所示。

图 8.8　添加画笔描边

8.1.4　删除画笔描边

在使用【画笔工具】绘制线条时，Illustrator 会自动将【画笔】面板中的描边应用到绘制的路径上。如果不想添加描边，可单击【画笔】面板中的【删除画笔描边】按钮。

8.1.5　将画笔描边转换为轮廓

在为对象添加画笔描边后，若要编辑描边线条上的图形组件，可以选中对象，然后选择【对象】>【扩展外观】命令，将画笔描边转换为轮廓，使描边内容从对象中剥离出来。

8.2　符号

符号是在文档中可重复使用的图形对象，如果以鲜花创建符号，可将该符号的实例多次添加到图稿中，而无须实际多次添加复杂图形，每个符号实例都链接到【符号】面板中的符号库。

8.2.1　【符号】面板

选择【窗口】>【符号】命令，打开【符号】面板，如图 8.9 所示。

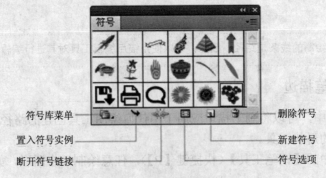

图 8.9　【符号】面板

（1）选择面板中的一个符号后，单击【置入符号实例】按钮可在文档窗口中创建该符号的一个实例。

（2）选择文档窗口中的符号实例后，单击【断开符号链接】按钮可断开符号实例与面板中符号样本的链接，该符号实例将成为可单独编辑的对象。

（3）单击【符号选项】按钮，可以打开【符号选项】对话框。

（4）选择要创建为符号的对象，单击【新建符号】按钮，打开【符号选项】对话框，输入符号名称，单击【确定】按钮，可将其创建为一个符号，如图 8.10 所示。

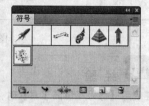

图 8.10　新建符号

（5）选择面板中的符号样本，单击【删除符号】按钮可将其删除。

 注　意

Illustrator中的图形、复合路径、文本、位图图像、网格对象以及包含以上对象的编组对象都可以创建为符号。

8.2.2　符号工具

Illustrator 提供了 8 种符号工具，可以用来创建和编辑符号，如图 8.11 所示。

图 8.11　符号工具

（1）在【符号】面板中选择一个符号样本，选择工具箱中的【符号喷枪工具】（组合键【Shift+S】），单击即可创建一个符号实例；单击同一个位置，则符号将以单击点为中心向外扩散；单击并拖曳鼠标，符号会沿鼠标指针的运行轨迹分布，如图 8.12 所示。

图 8.12　【符号喷枪工具】应用效果

（2）选择符号组后，使用【符号移位器工具】在符号上拖曳可移动符号的位置，如图8.13所示。

图8.13　使用【符号移位器工具】移动符号

经验

在使用【符号移位器工具】时，如果按住【Shift】键拖曳，则可以将当前符号调整到其他符号的上面；按住【Shift+Alt】键拖曳，可将当前符号调整到其他符号的下面。

（3）使用【符号紧缩器工具】在所选的符号组上单击或拖曳，可以聚拢符号，如图8.14所示。按住【Alt】键操作，可以使符号扩散开。

图8.14　使用【符号紧缩器工具】聚拢符号

（4）选择符号组后，使用【符号缩放器工具】在符号上单击可以放大符号，按住【Alt】键单击可缩小符号，如图8.15所示。

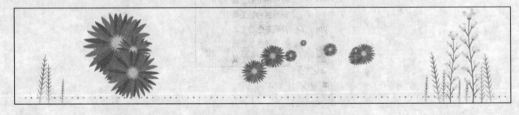

图8.15　使用【符号缩放器工具】缩放符号

（5）选择符号组后，使用【符号旋转器工具】在符号上单击或拖曳可以旋转符号。在旋转时，符号上会显示带有箭头的方向标志，通过箭头可以观察符号的旋转方向和旋转角度，如图8.16所示。

图8.16　使用【符号旋转器工具】旋转符号

（6）在【色板】或【颜色】面板中选择一种填充颜色，然后选择符号组，使用【符号着色器工具】在符号上单击，可对符号进行着色；连续单击，可增加颜色的深度，如图 8.17 所示。若要还原符号的颜色，按住【Alt】键在符号上单击即可。

图 8.17　使用【符号着色器工具】为符号填充颜色

（7）选择符号组后，使用【符号滤色器工具】在符号上单击可以使符号呈现透明效果，如图 8.18 所示，按住【Alt】键单击可还原符号的不透明度。

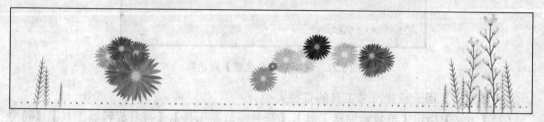

图 8.18　使用【符号滤色器工具】调整符号透明度

（8）选择【窗口】>【图形样式】命令，在【图形样式】面板中选择一种样式，如图 8.19 所示。选择符号组，使用【符号样式器工具】在符号上单击，可以将所选样式应用到符号中，如图 8.20 所示，按住【Alt】键单击可将样式从符号中清除。

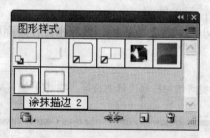

图 8.19　【图形样式】面板

图 8.20　使用【符号样式器工具】为符号添加样式

8.2.3　符号工具选项

双击工具箱中的任意符号工具，都可以打开【符号工具选项】对话框，直径、强度和密度等常规选项位于对话框顶部，特定的工具选项则显示在对话框底部，如图 8.21 所示。
【符号工具选项】对话框中各选项的含义如下。

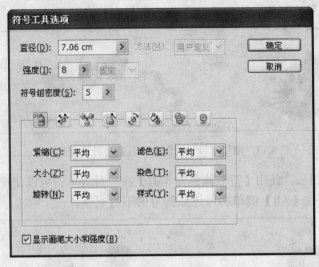

图 8.21　【符号工具选项】对话框

（1）【直径】用于设置符号工具的直径大小。

（2）【方法】指定【符号紧缩器工具】、【符号缩放器工具】、【符号旋转器工具】、【符号着色器工具】、【符号滤色器工具】和【符号样式器工具】调整符号实例的方式。

（3）对于【符号喷枪工具】，【强度】值越高，创建符号的速度越快，产生的符号也就越多；对于其他工具，该值决定了更改符号的速度。

（4）【符号组密度】值越高，符号的密度越大。Illustrator是通过改变符号间距来调整它们的密度，因此，不会影响符号的数量。

（5）选中【显示画笔大小和强度】复选框，鼠标指针在画面中会显示出工具的实际大小。

经　验

使用任意符号工具时，按【]】键可增加符号工具的直径；按【[】键可减小工具的直径。

8.3　混合

混合是指在两个或多个图形之间生成一系列的中间对象，使之产生从形状到颜色的全面混合。用于创建混合的对象可以是图形、路径、复合路径，以及应用渐变或图案填充的对象。

8.3.1　混合的应用

选择工具箱中的【混合工具】（快捷键【W】），将鼠标指针放在对象上，捕捉到锚点后单击，然后将鼠标指针放在另一个对象上，捕捉到锚点后单击即可创建混合，如图 8.22 所示。

图 8.22　创建混合

8.3.2　混合选项

双击工具箱中的【混合工具】，可以打开【混合选项】对话框，如图 8.23 所示。【混合选项】对话框中各选项的含义如下。

图 8.23　【混合选项】对话框

1.【间距】下拉列表框

选择"平滑颜色"选项，可自动生成合适的混合步数，创建平滑的颜色过渡效果，如图 8.24 所示。

选择"指定的步数"选项，可在右侧的文本框中输入混合步数，如图 8.25 所示。

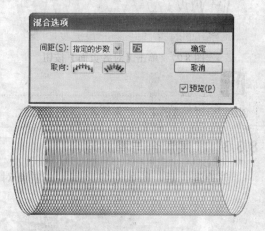

图 8.24　平滑颜色　　　　　　　　　　　　图 8.25　指定的步数

选择"指定的距离"选项，可指定由混合生成的中间对象之间的间距，如图 8.26 所示。

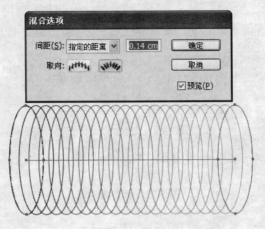

图 8.26　指定的距离

2.【取向】选项组

如果混合轴是弯曲的路径，单击【对齐页面】按钮时，混合对象的垂直方向与页面保持一致，如图 8.27 所示；单击【对齐路径】按钮时，混合对象将垂直于路径，如图 8.28 所示。

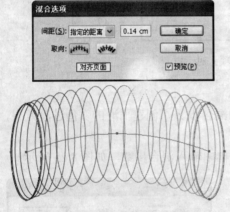

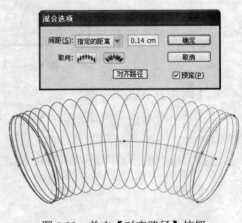

图 8.27　单击【对齐页面】按钮　　　　　　图 8.28　单击【对齐路径】按钮

 经　验

创建混合时生成的中间对象越多，文件就越大。

8.3.3　扩展混合与释放混合

创建混合后，原始对象之间生成的新对象是不能编辑的，如图 8.29 所示。

图 8.29　创建混合后

如果要修改创建混合后的图形，可以选中混合对象，然后选择【对象】>【混合】>【扩展】命令，将它们扩展为可编辑的图形，如图8.30所示。

图8.30　扩展后的效果

如果要释放混合，可以选中混合对象，然后选择【对象】>【混合】>【释放】命令。

8.4　综合案例——手机宣传单

学习目的：

本案例制作一个手机宣传单，单页中的手机具有一定的真实感，将通过渐变与混合模式来制作，而梦幻般的背景要用混合来达到效果。

重点难点：

❖　混合工具的使用

❖　工具的综合应用

制作一个手机宣传单，最终效果如图8.31所示。

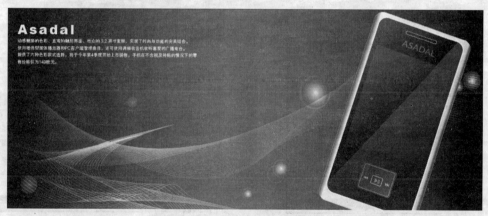

图8.31　手机宣传单

1. 制作底图

01　选择【文件】>【新建】命令（组合键【Ctrl+N】），弹出【新建文档】对话框，设置【宽度】为39cm、【高度】为16cm，【颜色模式】为CMYK，单击【确定】按钮，如图8.32所示。

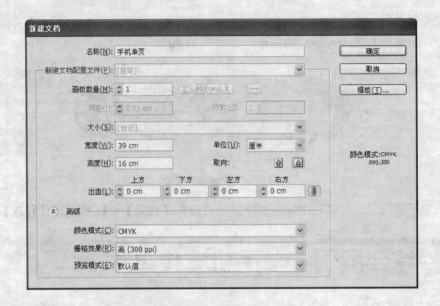

图 8.32 【新建文档】对话框

 选择【渐变】面板，设置【类型】为"线性"，单击渐变滑块空白处新添加 3 个滑块，如图 8.33 所示。

 双击【渐变】面板左侧的第一个渐变滑块可设置其颜色（C100，M100，Y100，K100）如图 8.34 所示。依次设置其他 4 个滑块的颜色为（C80，M60，Y100，K70）、（C20，M90，Y20，K0）、（C80，M95，Y20，K0）、（C80，M90，Y60，K100）。

图 8.33 【渐变】面板

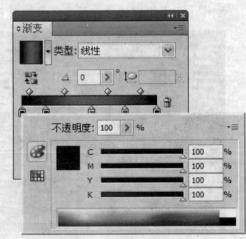

图 8.34 设置滑块颜色

 选择工具箱中的【矩形工具】（快捷键【M】），绘制一个宽度为 39cm、高度为 16cm 的矩形。

 选择【对齐】面板，设置对齐方式为【对齐画板】，如图 8.35 所示。

 保持对象的选中状态，单击【对齐】面板中的【水平居中对齐】与【垂直居中对齐】按钮，让图形与画板对齐，如图 8.36 所示。

图 8.35 【对齐】面板

图 8.36 居中对齐图形

07 单击【图层】面板中的【创建新图层】按钮，创建"图层 2"图层。

08 选择【渐变】面板，设置【类型】为"径向"，角度为 21°，长宽比为 103%，单击渐变滑块空白处新添加一个滑块，如图 8.37 所示。

09 双击【渐变】面板的渐变滑块，依次设置 3 个滑块的颜色为（C95，M90，Y7，K0）、（C100，M100，Y65，K55）、（C90，M90，Y90，K80）。

10 选择工具箱中的【椭圆工具】（快捷键【L】），按住【Shift】键绘制一个任意大小的正圆，打开【透明度】面板，设置混合模式为"滤色"，如图 8.38 所示。

图 8.37 【渐变】面板

图 8.38 设置混合模式

11 使用同样的绘制方法，选择【渐变】面板，设置径向渐变，并用工具箱中的【椭圆工具】（快捷键【L】）绘制大小不一的正圆，如图 8.39 所示。

图 8.39 绘制径向渐变正圆

12 选择【颜色】面板，将【填色】颜色设置为（C0，M0，Y0，K0），【描边】颜色设置为"无"。

13 选择工具箱中的【椭圆工具】（快捷键【L】），按住【Shift】键绘制多个任意大小的正圆，选择【透明度】面板，设置各个圆的不透明度，如图 8.40 所示。

14 单击【图层】面板中的【创建新图层】按钮，创建"图层 3"图层。

15 选择【颜色】面板，将【填色】颜色设置为"无"，【描边】颜色设置为（C0，M0，Y0，K0）。

16 选择工具箱中的【钢笔工具】（快捷键【P】），打开【描边】面板，设置【粗细】为 0.5pt，在画面中绘制两条开放的路径图形，如图 8.41 所示。

图 8.40　设置正圆透明度　　　　　　　　图 8.41　绘制开放的路径图形

17 双击工具箱中的【混合工具】（快捷键【W】），打开【混合选项】对话框，设置【间距】为"指定的距离 0.14cm"，如图 8.42 所示。

18 选择工具箱中的【混合工具】，将鼠标指针放在画面下方的线段上，捕捉到锚点后单击，然后将鼠标指针放在画面上方的线段上，捕捉到锚点后单击创建混合效果，如图 8.43 所示。

图 8.42　【混合选项】对话框　　　　　　　图 8.43　创建混合效果

19 使用同样的方法选择工具箱中的【钢笔工具】，绘制两组开放的路径图形，然后使用【混合工具】（快捷键【W】）创建混合效果，如图 8.44 所示。

20 选择工具箱中的【选择工具】（快捷键【V】），将创建混合效果的 3 个图形选中，打开【透明度】面板，设置混合模式为"叠加"，如图 8.45 所示。

图 8.44　创建两组混合　　　　　　　　　图 8.45　创建叠加效果

2. 制作手机

01 单击【图层】面板中的【创建新图层】按钮，创建"图层4"图层。

02 选择【渐变】面板，设置【类型】为"线性"，角度为-0.29°，单击渐变滑块空白处新添加4个滑块，如图8.46所示。

03 双击【渐变】面板左侧的第一个渐变滑块可设置其颜色（C76，M70，Y46，K7），如图8.47所示。依次设置其他5个滑块的颜色为（C0，M0，Y0，K0）、（C3，M3，Y3，K0）、（C5，M5，Y5，K0）、（C15，M10，Y5，K0）、（C76，M70，Y46，K7）。

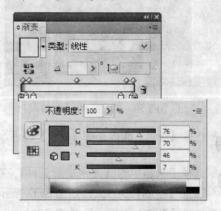

图8.46　【渐变】面板　　　　　　　　　图8.47　设置滑块颜色

04 选择工具箱中的【圆角矩形工具】，绘制一个矩形，选择【颜色】面板，将【描边】颜色设置为（C36，M30，Y20，K0），打开【描边】面板，设置【粗细】为0.5pt，如图8.48所示。

05 选择【渐变】面板，设置【类型】为"线性"，角度为0，双击【渐变】面板左侧的第一个渐变滑块，依次设置两个滑块的颜色为（C100，M100，Y65，K50）、（C60，M90，Y0，K0），如图8.49所示。

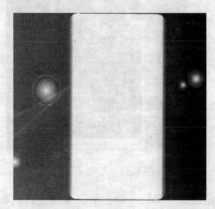

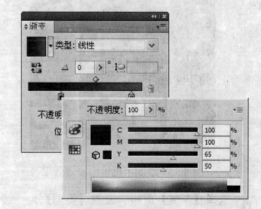

图8.48　绘制手机造型　　　　　　　　　图8.49　设置滑块颜色

06 选择工具箱中的【圆角矩形工具】，在圆角矩形中绘制一个矩形，如图8.50所示。

07 选择【渐变】面板，设置【类型】为"线性"，角度为-36°，双击【渐变】面板左侧的第一个渐变滑块，依次设置两个滑块的颜色为（C0，M0，Y0，K0）、（C0，M0，Y0，K100）。

08 选择工具箱中的【钢笔工具】(快捷键【P】),在圆角矩形中绘制一个封闭的路径图形,选择【透明度】面板,设置混合模式为"变暗",如图 8.51 所示。

图 8.50　绘制手机镜面效果　　　　　　图 8.51　绘制手机反光部分

09 选择【颜色】面板,将【填色】颜色设置为"无",【描边】颜色设置为(C0,M0,Y0,K0)。

10 选择工具箱中的【圆角矩形工具】,在镜面效果中绘制一个圆角矩形,打开【描边】面板,设置【粗细】为 1pt,如图 8.52 所示。

11 选择【渐变】面板,设置【类型】为"线性",角度为 138°,双击"渐变"面板左侧的第一个渐变滑块,依次设置两个滑块的颜色为(C100,M100,Y65,K50)、(C60,M90,Y0,K0)。

12 选择工具箱中的【矩形工具】(快捷键【M】),绘制手机屏幕,选择【透明度】面板,设置【不透明度】为 48%,混合模式为"滤色",如图 8.53 所示。

图 8.52　绘制手机镜面描边效果　　　　图 8.53　绘制手机屏幕

13 选择【渐变】面板,设置【类型】为"线性",角度为 173°,单击渐变滑块空白处新添加一个滑块。

14 双击【渐变】面板左侧的第一个渐变滑块,依次设置 3 个滑块的颜色为(C22,M11,Y15,K0)、(C10,M5,Y5,K0)、(C30,M30,Y20,K0),如图 8.54 所示。

15 选择工具箱中的【圆角矩形工具】,在镜面效果中绘制一个圆角矩形,如图 8.55 所示。

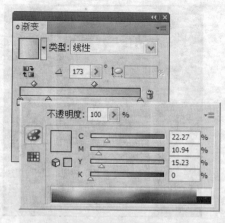

图 8.54　设置滑块颜色

图 8.55　绘制手机通信口

16 选择【渐变】面板，设置【类型】为"线性"，角度为-100°，双击【渐变】面板左侧的第一个渐变滑块，依次设置两个滑块的颜色为（C100，M90，Y70，K65）、（C80，M100，Y40，K0）。

17 选择工具箱中的【圆角矩形工具】，在通信口中绘制一个圆角矩形，如图 8.56 所示。

18 选择工具箱中的【文字工具】（快捷键【T】），在通信口下方单击并输入文本"ASADAL"，选择工具箱中的【选择工具】（快捷键【V】），选中文本并打开【字符】面板，设置字体为 Arial、字号大小为 21pt、填充颜色为（C0，M0，Y0，K0）。

19 选择【透明度】面板，设置【不透明度】为 47%，如图 8.57 所示。

图 8.56　绘制手机通信口

图 8.57　绘制 Logo

20 选择【渐变】面板，设置【类型】为"线性"，角度为-40°，双击【渐变】面板左侧的第一个渐变滑块，依次设置两个滑块的颜色为（C90，M100，Y55，K10）、（C60，M90，Y0，K0）。

21 选择工具箱中的【圆角矩形工具】，在手机屏幕下方绘制一个圆角矩形，如图 8.58 所示。

22 选择【颜色】面板，将【填色】颜色设置为"无"，【描边】颜色设置为（C0，M0，Y0，K0）。

23 选择工具箱中的【圆角矩形工具】，在手机按键背景中绘制一个矩形，打开【描边】面板，设置【粗细】为 1pt。选择【透明度】面板，设置【不透明度】为 46%，如图 8.59 所示。

图 8.58　绘制手机按键背景

图 8.59　绘制手机按键效果

24 选择【渐变】面板，设置【类型】为"线性"，角度为-40°，双击【渐变】面板左侧的第一个渐变滑块，依次设置两个滑块的颜色为（C90，M100，Y55，K10）、（C60，M90，Y0，K0），如图 8.60 所示。

25 选择工具箱中的【圆角矩形工具】，在手机按键内绘制一个圆角矩形，如图 8.61 所示。

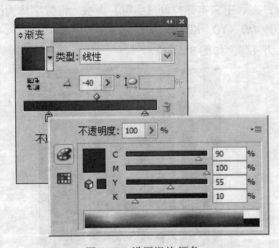

图 8.60　设置滑块颜色

图 8.61　绘制手机按键

26 选择【颜色】面板，将【填色】颜色设置为"无"，【描边】颜色设置为（C0，M0，Y0，K0）。

27 选择工具箱中的【圆角矩形工具】，在手机按键背景中绘制一个矩形，打开【描边】面板，设置【粗细】为1pt。选择【透明度】面板，设置【不透明度】为65%，如图 8.62 所示。

28 选择【颜色】面板，将【填色】颜色设置为（C0，M0，Y0，K0），【描边】颜色设置为"无"。

29 选择工具箱中的【钢笔工具】（快捷键【P】），在手机中心按键中绘制一个封闭的路径图形，选择【透明度】面板，设置【不透明度】为53%，完成手机的绘制，如图 8.63 所示。

图 8.62　绘制手机中心按键　　　　　　　图 8.63　绘制手机按键符号

3. 版式设计

01 单击"图层 4"图层中的图形图标，选中图层中的所有图形，如图 8.64 所示。

02 双击工具箱中的【旋转工具】，打开【旋转】对话框，设置【角度】为-18°，单击【确定】按钮，如图 8.65 所示。

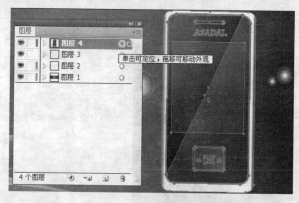
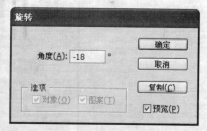

图 8.64　选中图层中所有图形　　　　　　图 8.65　【旋转】对话框

03 选择工具箱中的【选择工具】（快捷键【V】），用鼠标将手机图案移动至合适位置，如图 8.66 所示。

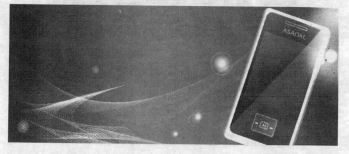

图 8.66　移动手机位置

04 单击【图层】面板中的【创建新图层】按钮，创建"图层 5"图层，在画面上添加相关文字，完成整个手机宣传单的设计制作，最终效果如图 8.67 所示。

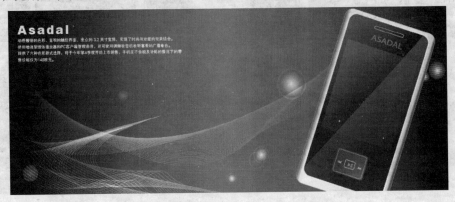

图 8.67　最终效果

8.5　习题

1. 便利店 DM 广告

知识要点提示：

使用【画笔工具】与【混合工具】设计制作 DM 广告，如图 8.68 所示。

图 8.68　DM 广告参考图

2. 悬挂式 POP 设计

知识要点提示：

使用符号在悬挂式 POP 吊旗上添加装饰图案，如图 8.69 所示。

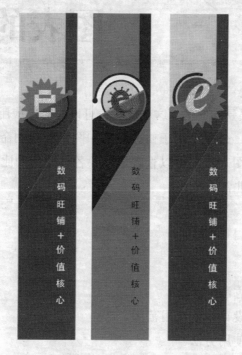

图 8.69　吊旗参考图

09

特殊效果与
图表的应用

在Illustrator中，效果是实时的，这就意味着可以向对象应用一个效果，然后随时修改该效果或删除该效果，效果是用于修改图形和图像外观的命令；Illustrator也能用来制作各种类型的数据和图表，它可以直观地反映各种数据的比较结果，创建后还能根据需要更改，应用范围非常广泛。

学习目标：

- 了解效果的使用方法
- 理解特殊效果在设计中的应用范围
- 掌握图表的综合使用方法

9.1 外观属性

外观属性是一组在不改变对象基础结构的前提下影响对象的外观属性，包括填色、描边、不透明度和效果。

9.1.1 【外观】面板

若选中包含外观属性的对象（如图层、组或文本对象）时，选择【窗口】>【外观】命令，在【外观】面板中将显示相应属性，如图9.1所示。

添加新描边
添加新填色
添加新效果
删除所选项目
复制所选项目
清除外观

图 9.1　【外观】面板

9.1.2 编辑或添加外观属性

在 Illustrator 中，用户可以随时打开某个外观属性并更改设置。

若在【外观】面板中编辑某个属性，单击该属性带下划线的蓝色名称，并在出现的面板中指定更改即可，如图 9.2 所示。

若编辑填色属性，则单击【外观】面板中的填色行，并从颜色框中选择一种新颜色，如图 9.3 所示。

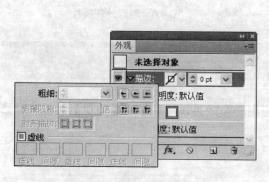

图 9.2　更改描边属性

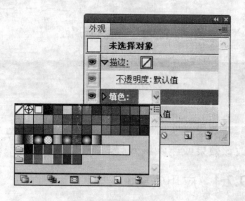

图 9.3　更改填充颜色

如果要添加新效果，单击【添加新效果】按钮即可，如图 9.4 所示。

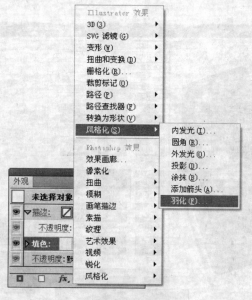

图 9.4　添加新效果

9.1.3 删除或隐藏外观属性

选择工具箱中的【选择工具】（快捷键【V】），选中对象或组，若要暂时隐藏应用于对象的某个属性，单击【外观】面板中的眼睛图标即可，如图 9.5 所示。

若要删除一个特定属性，从【外观】面板中选择该属性，并单击【删除所选项目】按钮，如图 9.6 所示。

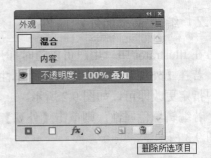

图 9.5 隐藏外观属性   图 9.6 删除外观属性

9.2 效果

效果是实时的，这就意味着可以向对象应用一个效果，然后使用【外观】面板随时修改该效果或删除该效果。

9.2.1 应用效果

若对一个对象的特定属性应用效果，则选择工具箱中的【选择工具】（快捷键【V】），选择对象或组，单击【外观】面板中的【添加新效果】按钮并选择一种效果即可，如图 9.7 所示。

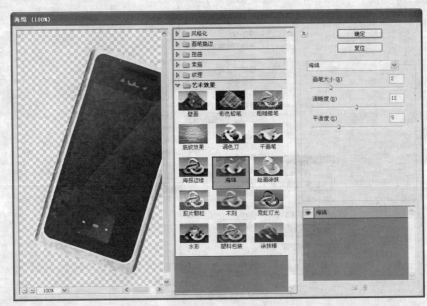

图 9.7 应用效果

9.2.2 栅格效果

栅格效果可用来生成像素（非矢量数据）的效果。栅格效果包括【SVG 滤镜】子菜单中和【效果】菜单下部区域的所有效果，以及【风格化】子菜单中的【投影】、【内发光】、【外发光】和【羽化】效果。

选择【效果】>【文档栅格效果设置】命令，可以设置文档的栅格效果选项，如图 9.8 所示，【文档栅格效果设置】对话框中的选项介绍如下。

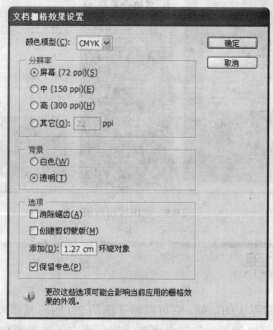

图 9.8 【文档删格效果设置】对话框

（1）【颜色模型】用于确定在栅格化过程中所用的颜色模型。可以生成 RGB 或 CMYK 颜色的图像（这取决于文档的颜色模式）、灰度图像或位图（黑白位图或是黑色和透明色，这取决于所选的背景选项）。

（2）【分辨率】用于确定栅格化图像中的每英寸像素数 (ppi)。

（3）【背景】用于确定矢量图形的透明区域如何转换为像素。选择【白色】单选按钮可用白色像素填充透明区域，选择【透明】单选按钮可使背景透明。如果选择【透明】单选按钮，则会创建一个 Alpha 通道（适用于除位图像以外的所有图像）。如果图稿被导出到 Photoshop 中，则 Alpha 通道将被保留。

（4）【消除锯齿】复选框用来应用消除锯齿效果，以改善栅格化图像的锯齿边缘外观。设置文档的栅格化选项时，若取消选择此复选框，则保留细小线条和细小文本的尖锐边缘。

（5）【创建剪切蒙版】复选框用来创建一个使栅格化图像的背景显示为透明的蒙版，如果【背景】已选择了【透明】单选按钮，则不需要再创建剪切蒙版。

（6）【添加环绕对象】可以输入指定像素值，为栅格化图像添加边缘填充或边框。结果图像的尺寸等于原始尺寸加上【添加环绕对象】所设置的数值。

9.2.3 将效果应用于位图图像

效果可以将特殊外观应用于位图图像或矢量对象。例如，可以应用印象派外观、应用光线变化、对图像进行扭曲或生成其他诸多有趣的可视效果，如图 9.9 所示。

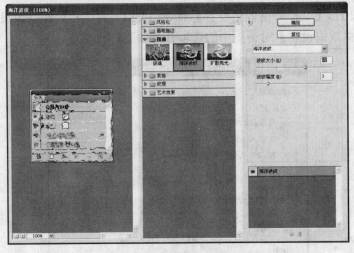

图 9.9 位图应用效果

9.3 3D 效果

3D 效果是一项非常强大的功能，它可以将平面的 2D 图形制作为 3D 效果的立体对象，在应用 3D 效果时，还可以调整对象的角度和透视，为它添加光源和贴图。

9.3.1 通过凸出创建 3D 对象

选择工具箱中的【选择工具】（快捷键【V】），选中一个对象，选择【效果】>【3D】>【凸出和斜角】命令，可以打开【3D 凸出和斜角选项】对话框，单击【确定】按钮，如图 9.10 和图 9.11 所示，【3D 凸出和斜角选项】对话框中的选项介绍如下。

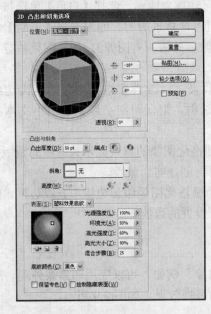

图 9.10 【3D 凸出和斜角选项】对话框

图 9.11 创建 3D 效果

（1）【位置】设置对象如何旋转以及观看对象的透视角度。

（2）【凸出与斜角】确定对象的深度以及向对象添加或从对象剪切的任何斜角的延伸。

（3）【表面】用于创建各种形式的表面，从黯淡、不加底纹的不光滑表面到平滑、光亮，看起来类似塑料的表面。

（4）添加一个或多个光源，可调整【光源强度】、改变对象的【底纹颜色】，以及围绕对象移动光源以实现生动的效果。

（5）【贴图】按钮用来将图稿贴到 3D 对象表面上。

9.3.2 通过绕转创建 3D 对象

选择工具箱中的【选择工具】（快捷键【V】），选择一个对象，选择【效果】>【3D】>【绕转】命令，可以打开【3D 绕转选项】对话框，单击【确定】按钮，如图 9.12 和图 9.13 所示，【3D 绕转选项】对话框中的选项介绍如下。

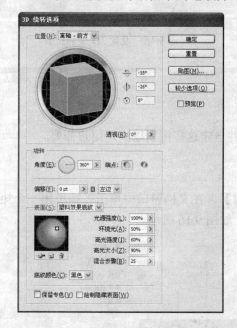

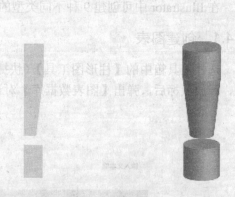

图 9.12　【3D 绕转选项】对话框　　　　　图 9.13　应用绕转创建 3D 效果

（1）【位置】设置对象如何旋转以及观看对象的透视角度。

（2）【绕转】确定如何围绕对象扫掠路径，使其转入三维之中。

（3）【表面】用于创建各种形式的表面，如从黯淡、不加底纹的不光滑表面到平滑、光亮，看起来类似塑料的表面。

（4）添加一个或多个光源，可调整【光源强度】、改变对象的【底纹颜色】，以及围绕对象移动光源以实现生动的效果。

（5）【贴图】按钮用来将图稿贴到 3D 对象表面上。

9.3.3 设置 3D 旋转位置

选择工具箱中的【选择工具】（快捷键【V】），选择一个对象，选择【效果】>【3D】>【旋转】命令，可以打开【3D 旋转选项】对话框，单击【确定】按钮，如图 9.14 和图 9.15 所示。

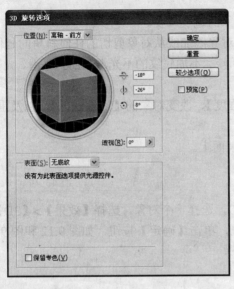

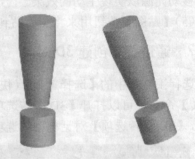

图 9.14 【3D 旋转选项】对话框　　　　图 9.15 设置 3D 旋转位置

9.4 图表

在 Illustrator 中可创建 9 种不同类型的图表并自定这些图表以满足用户需要。

9.4.1 创建图表

选择工具箱中的【柱形图工具】(快捷键【J】),在文档窗口中单击并拖曳出一个矩形框,释放鼠标后,弹出【图表数据库】对话框,如图 9.16 所示。

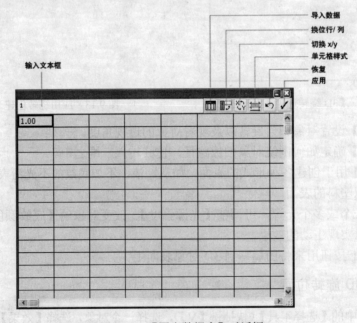

图 9.16 【图表数据库】对话框

单击单元格，然后在顶行输入数据，数据便会出现在该单元格中，如图 9.17 所示。

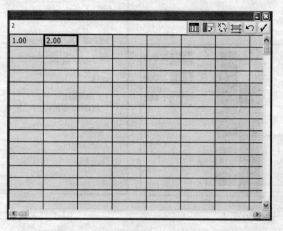

图 9.17　输入数据

单元格的左列用于输入类别的标签，通常为时间单位，如年、月、日，如果要创建只包含数字的标签，则需要使用直式双引号将数字引起来。例如，要将年份 2009 作为标签，应输入"2009"，如果输入全角引号"2009"，则引号也会显示在年份中，数据输入完成后，单击对话框右上角的【应用】按钮即可创建图表，如图 9.18 和图 9.19 所示。

图 9.18　输入数据

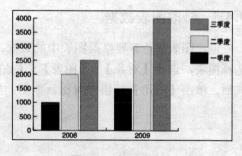

图 9.19　柱形图图表

注 意

选择图表工具后，在窗口中单击即可打开对话框，输入图表的宽度和高度值，即可创建指定大小的图表。

9.4.2　转换图表类型

选择工具箱中的【选择工具】（快捷键【V】），选中图表，双击工具箱中的任意图表工具，打开【图表类型】对话框，在【类型】选项组中单击与所需图表类型相对应的按钮，然后关闭对话框，即可转换图表的类型，如图 9.20、图 9.21 和图 9.22 所示。

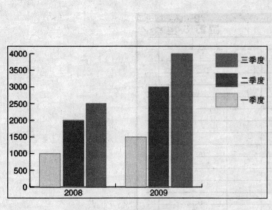

图 9.20　选中的图表　　　　　　　　　　图 9.21　【图表类型】对话框

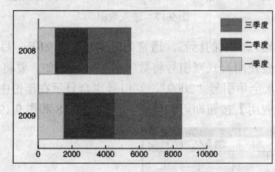

图 9.22　转换后的图表类型

9.4.3　修改图表数据

创建图表后，若要修改图表中的数据，则选择工具箱中的【选择工具】（快捷键【V】），选择图表，选择【对象】>【图表】>【数据】命令，在打开的对话框中修改数据，修改完成后，单击【应用】按钮即可更新数据，如图 9.23、图 9.24 和图 9.25 所示。

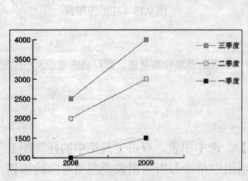

图 9.23　选中的图表

图 9.24　修改数据

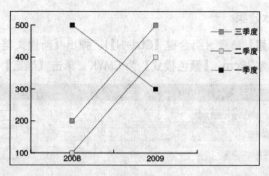

图 9.25　修改数据后的图表

9.5　综合案例——宣传册立体效果图

学习目的：

本案例制作一个宣传册的立体效果图，制作过程中会用到 **3D** 效果、羽化效果、混合功能等。

重点难点：

❖　创建 3D 效果

❖　透视效果

制作宣传册立体效果图，最终效果如图 9.26 所示。

图 9.26　宣传册立体效果图

1. 制作宣传册立体效果

01 选择【文件】>【新建】命令（组合键【Ctrl+N】），弹出【新建文档】对话框，设置【宽度】为 21cm、【高度】为 28cm，【颜色模式】为 CMYK，单击【确定】按钮，如图 9.27 所示。

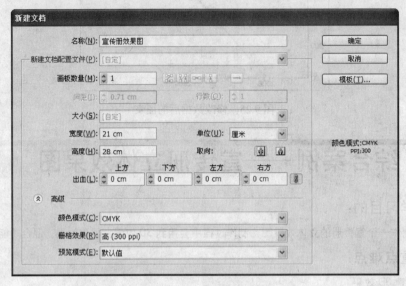

图 9.27 【新建文档】对话框

02 选择【颜色】面板，【填色】颜色设置为（C65，M50，Y40，K0），【描边】颜色设置为"无"，如图 9.28 所示。

03 选择工具箱中的【钢笔工具】（快捷键【P】），在画面中绘制一个带有透视效果的图形，如图 9.29 所示。

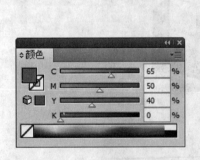

图 9.28 【颜色】面板

图 9.29 绘制纸张投影

04 选择【渐变】面板，设置【类型】为"线性"，角度为-56°，单击渐变滑块空白处新添加一个滑块，如图 9.30 所示。

05 双击【渐变】面板左侧的第一个渐变滑块，依次设置 3 个滑块的颜色为（C15，M7，Y4，K0）、（C4，M5，Y4，K0）、（C20，M8，Y6，K0），如图 9.31 所示。

图 9.30　【渐变】面板

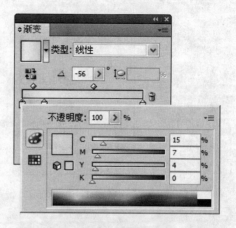

图 9.31　设置滑块颜色

06 选择工具箱中的【钢笔工具】（快捷键【P】），在画面中绘制一个带有透视效果的图形，如图 **9.32** 所示。

07 选择【渐变】面板，设置【类型】为"线性"、角度为 4°，双击【渐变】面板左侧的第一个渐变滑块，依次设置两个滑块的颜色为（C40，M40，Y25，K0）、（C25，M15，Y10，K0）。

08 选择工具箱中的【钢笔工具】（快捷键【P】），在画面中绘制一个带有透视效果的图形，如图 **9.33** 所示。

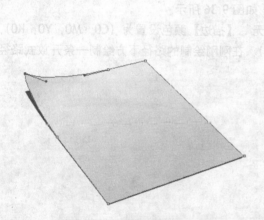

图 9.32　绘制纸张

图 9.33　绘制宣传册背面

09 选择【渐变】面板，设置【类型】为"线性"、角度为 125°，双击【渐变】面板左侧的第一个渐变滑块，依次设置两个滑块的颜色为（C20，M10，Y7，K0）、（C5，M5，Y0，K0）。

10 选择工具箱中的【钢笔工具】（快捷键【P】），在画面中绘制一个带有透视效果的图形，如图 **9.34** 所示。

11 为了更能体现立体效果，选择【渐变】面板设置渐变颜色后，用工具箱中的【钢笔工具】为宣传册添加投影效果，如图 **9.35** 所示。

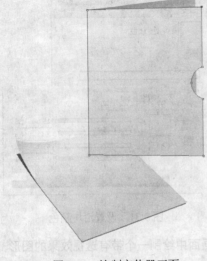

图 9.34　绘制宣传册正面　　　　　　　　　　图 9.35　绘制宣传册投影效果

2. 制作混合效果

01 单击【图层】面板中的【创建新图层】按钮，创建"图层 2"图层。

02 选择【颜色】面板，【填色】颜色设置为"无"，【描边】颜色设置为（C0，M30，Y90，K0）。

03 选择工具箱中的【钢笔工具】（快捷键【P】），打开【描边】面板，设置【粗细】为 0.25pt，在宣传册封面中绘制一条开放式路径图形，如图 9.36 所示。

04 选择【颜色】面板，【填色】颜色设置为"无"，【描边】颜色设置为（C0，M0，Y0，K0），选择工具箱中的【钢笔工具】（快捷键【P】），在刚刚绘制的路径下方绘制一条开放式路径图形，如图 9.37 所示。

图 9.36　绘制开放式路径　　　　　　　　　　图 9.37　绘制开放式路径

05 选择工具箱中的【选择工具】（快捷键【V】），将两条路径选中，选择【对象】>【混合】>【建立】命令（组合键【Ctrl+Alt+B】）创建混合。

06 双击工具箱中的【混合工具】，打开【混合选项】对话框，设置【间距】为"指定的步数、10"，单击【确定】按钮，如图 9.38 所示。

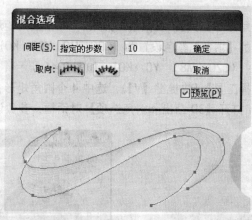

图 9.38　创建混合效果

07 选择【颜色】面板，【填色】颜色设置为"无"，【描边】颜色设置为（C50，M50，Y0，K0）。

08 选择工具箱中的【钢笔工具】（快捷键【P】），打开【描边】面板，设置【粗细】为 0.25pt，在宣传册封面中绘制一条开放式路径图形。

09 选择【颜色】面板，【填色】颜色设置为"无"，【描边】颜色设置为（C0，M0，Y0，K0），选择工具箱中的【钢笔工具】（快捷键【P】），在刚刚绘制的路径下方绘制一条开放式路径图形，如图 9.39 所示。

10 选择工具箱中的【选择工具】（快捷键【V】），将两条路径选中，选择【对象】>【混合】>【建立】命令（组合键【Ctrl+Alt+B】），创建混合。

11 双击工具箱中的【混合工具】，打开【混合选项】对话框，设置【间距】为"指定的步数、10"，单击【确定】按钮，如图 9.40 所示。

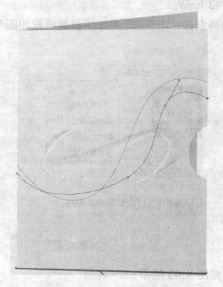

图 9.39　绘制开放式路径

图 9.40　创建混合效果

3. 制作立体图案

01 单击【图层】面板中的【创建新图层】按钮，创建"图层 3"图层。

02 选择工具箱中的【圆角矩形工具】，在曲线上方绘制 4 个圆角矩形，选择【颜色】面板，依次为 4 个圆角矩形的【填色】颜色设置为（C30，M0，Y90，K0）、（C40，M15，Y0，K0）、（C0，M0，Y90，K0）、（C20，M85，Y0，K0），如图 9.41 所示。

03 选择工具箱中的【选择工具】（快捷键【V】），选中 4 个圆角矩形，选择【效果】>【3D】>【凸出和斜角】命令，打开【3D 凸出和斜角选项】对话框，参数设置如图 9.42 所示。

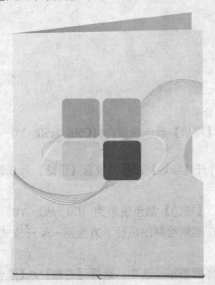

图 9.41　绘制圆角矩形

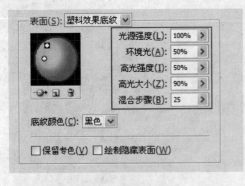

图 9.42　参数设置

04 单击【更多选项】按钮，显示光源设置选项，单击光源编辑器预览框下面的【新建光源】按钮，新建一个光源，光源的参数设置如图 9.43 所示。

05 单击光源编辑器预览框下面的【新建光源】按钮再创建一个光源，光源的参数设置如图 9.44 所示。

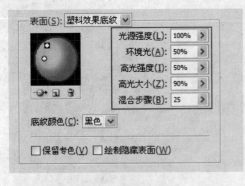

图 9.43　光源参数设置

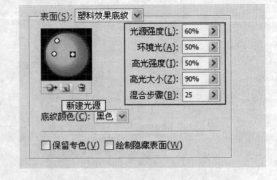

图 9.44　光源参数设置

06 单击【确定】按钮创建圆角图形的立体效果，如图 9.45 所示。

07 选择【渐变】面板，设置【类型】为"线性"、角度为-50°，单击渐变滑块空白处新添加7个滑块，依次设置9个滑块颜色的灰度值百分比，如图 **9.46** 所示。

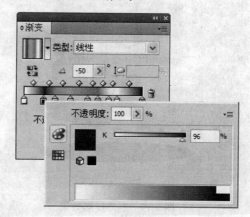

图 9.45　立体效果　　　　　　　　　　　　　　　图 9.46　设置滑块颜色

08 选择工具箱中的【钢笔工具】（快捷键【P】），在立体图形上绘制一个图形，打开【透明度】面板，设置混合模式为"叠加"、【不透明度】为70%，如图 **9.47** 所示。

09 保持对象的选中状态，选择【效果】>【风格化】>【羽化】命令，打开【羽化】对话框，设置【羽化半径】为 0.25cm，单击【确定】按钮，如图 **9.48** 所示。

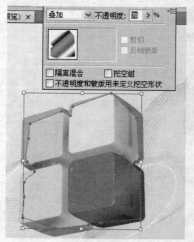

图 9.47　设置不透明属性　　　　　　　　　　　　图 9.48　羽化效果

10 选择【颜色】面板，【填色】颜色设置为（C100，M100，Y50，K0），【描边】颜色设置为"无"。

11 选择工具箱中的【椭圆工具】（快捷键【L】），在立体图形下方绘制一个椭圆，如图 **9.49** 所示。

12 保持对象的选中状态，选择【效果】>【风格化】>【羽化】命令，打开【羽化】对话框，设置【羽化半径】为 0.33cm，单击【确定】按钮，如图 **9.50** 所示。

图 9.49　制作投影效果　　　　　　　　　图 9.50　制作投影羽化效果

13 选择工具箱中的【钢笔工具】(快捷键【P】),在 4 个立体图形上各绘制一个高光图形,选择【颜色】面板,【填色】颜色设置为白色,【描边】颜色设置为"无",打开【透明度】面板,设置【不透明度】为 70%,如图 9.51 所示。

图 9.51　制作立体图形高光

4. 添加文字与图案

01 单击【图层】面板中的【创建新图层】按钮,创建"图层 4"图层。

02 选择工具箱中的【文字工具】(快捷键【T】),在投影右下方单击并输入文本"星光天地行走指南",选择工具箱中的【选择工具】(快捷键【V】),选中文本并打开【字符】面板,设置字体为"方正细圆简体"、字号大小为 9pt,填色颜色为(C0, M0, Y0, K100),如图 9.52 所示。

03 在纸张上添加相关图案完成整个宣传册效果图的制作,最终效果如图 9.53 所示。

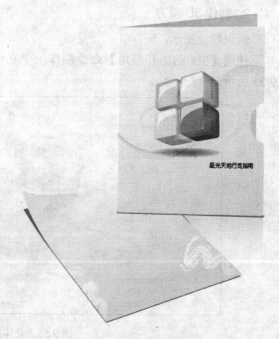

图 9.52 输入文本   图 9.53 最终效果

9.6 习题

1. 立体效果图表

知识要点提示：

使用工具箱中的图表工具制作一个图表，再通过 3D 效果制作出立体效果的图表，如图 9.54 所示。

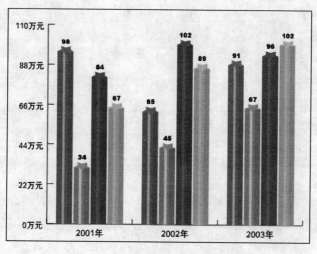

图 9.54 图表参考图

2. 制作 3D 魔方

知识要点提示：

使用【3D 凸出和斜角】命令制作一个立体魔方，可以在魔方上制作贴图效果，如图 9.55 所示。

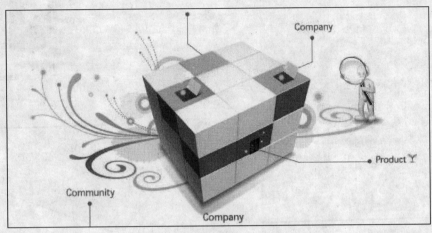

图 9.55　立体魔方参考图

10

网格与封套扭曲

网格与封套扭曲是 Illustrator 中非常强大的功能，网格对象是一种多色对象，其上的颜色可以沿不同方向顺畅分布且从一点平滑过渡到另一点，在平面设计中应用非常广泛。而封套扭曲是对选定对象进行扭曲和改变形状，如果不栅格化该对象，Illustrator 会对这个已经变形的图进行渐变，则其计算出来的渐变就依然只能是线性或者径向。

学习目标：

- 🔖 了解网格工具的使用方法
- 🔖 理解封套扭曲在设计中的应用范围
- 🔖 掌握网格与封套扭曲的综合使用方法

10.1 网格

创建网格对象将会有多条线（称为网格线）交叉穿过对象，这为处理对象上的颜色过渡提供了一种简便的方法。

10.1.1 创建网格对象

选择工具箱中的【网格工具】（快捷键【U】），将鼠标指针移至图形上，单击即可将图形转换为渐变网格对象，同时，单击处会生成网格点和网格线，网格线组成网格片面，如图 10.1 所示。

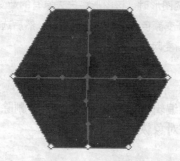

图 10.1 转换为渐变网格对象后的图形

如果要按照用户指定数量的网格线创建渐变网格，可以选中图形后，再选择【对象】>【创建渐变网格】命令，打开【创建渐变网格】对话框，该命令可以将无描边、无填充的图形创建为渐变网格对象，如图 10.2 所示，【创建渐变网格】对话框中的选项介绍如下。

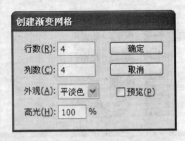

图 10.2　【创建渐变网格】对话框

（1）【行数】和【列数】用来设置水平和垂直网格线的数量，范围为 1～50。

（2）【外观】用来设置高光的位置和创建方式，选择"平淡色"不会创建高光，如图 10.3 所示。选择"至中心"可在对象中心创建高光，如图 10.4 所示。选择"至边缘"可在对象边缘创建高光，如图 10.5 所示。

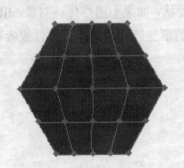

图 10.3　"平淡色"网格效果

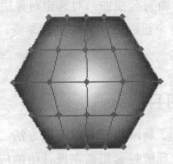

图 10.4　"至中心"网格效果

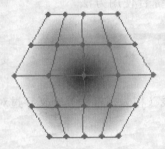

图 10.5　"至边缘"网格效果

（3）【高光】用来设置高光的强度，该值为 0%的时候，不会应用白色高光。

 注 意

当直接使用【网格工具】单击渐变图形时，该图形将失去原有的渐变颜色。如果要将渐变图形转换为渐变网格对象，同时保持对象的渐变颜色，可以选中该对象，然后选择【对象】>【扩展】命令，在打开的对话框中选择【填充】和【渐变网格】两个选项即可。

10.1.2　编辑网格对象

用户可以使用多种方法来编辑网格对象，如添加、删除和移动网格点；更改网格点和网格面片的颜色，以及将网格对象恢复为常规对象等。

1．选择网格点

选择工具箱中的【网格工具】（快捷键【U】），将鼠标指针放在网格点上，单击即可选择网格点，被选择的网格点为实心方块，未被选择的为空心方块，如图 10.6 所示。

选择工具箱中的【直接选择工具】（快捷键【A】），在网格上单击，也可以选择网格点，按住【Shift】键单击其他网格点可选择多个网格点，如果单击并拖曳一个矩形框，则可以选择矩形框范围内的所有网格点，如图 10.7 所示。

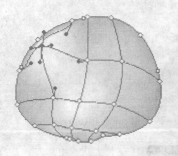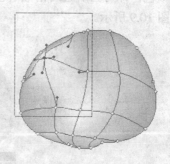

图 10.6　选择网格点　　　　　　　　图 10.7　使用矩形框选择网格点

选择工具箱中的【套索工具】（快捷键【Q】），在网格对象上绘制选区，也可以选择网格点，如图 10.8 所示。

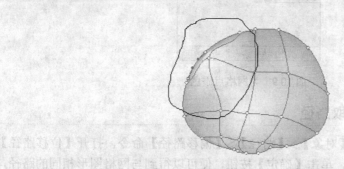

图 10.8　使用【套索工具】选择网格点

2．移动网格点和网格片面

选择网格点后，单击并按住鼠标左键拖曳即可移动网格点，如果按住【Shift】键拖曳，则可将网格点的移动范围限制在网格线上，采用这种方法沿一条弯曲的网格线移动网格点时，不会扭曲网格线；选择工具箱中的【直接选择工具】（快捷键【A】），在网格片面上单击并拖曳，可以移动该网格片面。

3．调整方向线

网格点的方向线与锚点的方向线完全相同，使用工具箱中的【网格工具】和【直接选择工具】都可以移动方向线，调整方向线可以改变网格线的形状；如果按住【Shift】键拖曳方向线，则可同时移动该网格点的所有方向线。

4．添加与删除网格点

使用工具箱中的【网格工具】在网格线或网格片面上单击，都可以添加网格点。如果按住【Alt】键单击网格点可以删除网格点，由该点连接的网格线也会同时删除。

10.1.3 设置网格点颜色

若给网格点设置颜色，必须切换到填充编辑状态，选中网格点，单击【色板】面板中的一个颜色，即可为所选网格点着色，拖动【颜色】面板中的滑块也可以调整网格点的颜色，如图 10.9 所示。

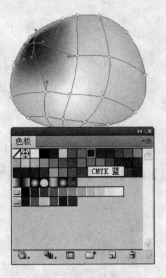

图 10.9　为网格点添色

10.1.4 从网格对象中提取路径

选中网格对象后，选择【对象】>【路径】>【偏移路径】命令，打开【位移路径】对话框，将【位移】值设置为0，单击【确定】按钮，便可以得到与网格图形相同的路径，如图10.10所示。

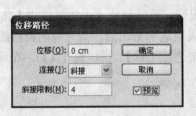
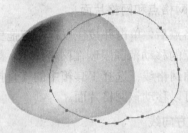

图 10.10　提取路径

10.2　封套扭曲

封套扭曲是 Illustrator 中最灵活、最具可操控性的变形功能，它可以使对象按照封套的形状产生变形。

10.2.1 用变形建立封套扭曲

Illustrator 提供了 15 种预设的封套形状，可以通过它们来扭曲对象。选中要扭曲的图形，选择【对象】>【封套扭曲】>【用变形建立】命令，打开【变形选项】对话框，在对话框中可以选择变形样式，设置变形参数，如图 10.11 所示，【变形选项】对话框中的介绍如下。

（1）可在【样式】选项的下拉列表中选择一种变形样式，如图 10.12 所示。

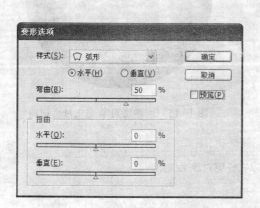

图 10.11　【变形选项】对话框　　　　图 10.12　【样式】选项列表

（2）【弯曲】用来设置弯曲的程度，该值越高，变形效果越明显。

（3）【扭曲】包括【水平】和【垂直】两种扭曲选项，可以使对象产生透视效果。

> **经 验**
>
> 通过变形创建封套扭曲后，还可以再次选择【用变形建立】命令，选择其他扭曲样式，或者修改扭曲参数。

10.2.2 用网格建立封套扭曲

用网格建立封套扭曲的原理是先在对象上创建矩形网格，然后再通过调整网格点来扭曲对象。

选择一个对象，选择【对象】>【封套扭曲】>【用网格建立】命令，打开【封套网格】对话框，输入网格线的行数和列数，单击【确定】按钮，即可在对象上创建网格，如图 10.13 所示。

选择工具箱中的【直接选择工具】（快捷键【A】），移动网格点，便可以改变对象的外形。

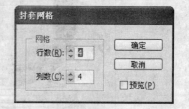

图 10.13　【封套网格】对话框

10.2.3 用顶层对象建立封套扭曲

用顶层对象建立封套扭曲的原理是使用封套图形来扭曲对象，在操作时，先要制作封套图形，然后将它放在封套对象的顶层，如图 10.14 所示。

选中所有图形，选择【对象】>【封套扭曲】>【用顶层对象建立】命令，即可用顶层的封套扭曲下面的图形，如图 10.15 所示。

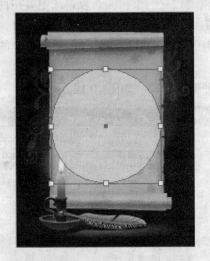

图 10.14　将圆形放在封套对象顶层　　　　图 10.15　用顶层对象建立封套扭曲

经验

在 Illustrator 中，除图表、参考线和链接对象外，可以在任何对象上使用封套。

10.2.4　编辑封套扭曲

创建封套扭曲后，如果要单独对封套内容进行编辑，可以选择对象，然后单击工具选项栏中的【编辑内容】按钮，或者选择【对象】>【封套扭曲】>【编辑内容】命令，封套内容便会出现在画面中，然后对它进行编辑。在修改封套内容时，画面中会实时显示对象的扭曲效果，如图 10.16 所示。

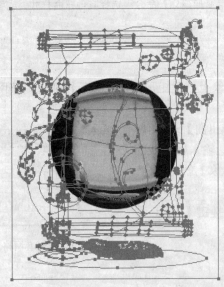

图 10.16　编辑封套扭曲

如果要编辑封套，可单击工具选项栏中的【编辑封套】按钮，或者选择【对象】>【封套扭曲】>【编辑封套】命令，封套便会出现在画面中。

10.2.5 设置封套选项

创建封套扭曲后，可以选中封套对象，然后选择【对象】>【封套扭曲】>【封套选项】命令，在打开的【封套选项】对话框中设置扭曲的内容，如图 10.17 所示，【封套选项】对话框中的选项介绍如下。

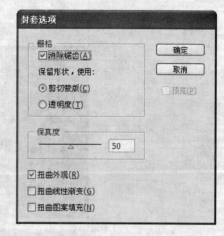

图 10.17 【封套选项】对话框

（1）【消除锯齿】复选框可在扭曲对象时平滑栅格，使对象的边缘平滑，但会增加处理时间。

（2）【保留形状，使用】用来设置栅格化封套对象时，是选择【剪切蒙版】还是【透明度蒙版】来保留封套的形状。

（3）【保真度】是设置封套内容在变形时与封套图形的相似程度，该值越高，封套内容的扭曲效果越接近于封套的形状，但会生成更多的锚点。

（4）若选中【扭曲外观】复选框，则如果封套内容添加了效果等外观属性，那么外观属性也会同封套内容一同扭曲。

（5）【扭曲线性渐变】复选框控制对象的形状与其线性渐变一起扭曲。

（6）【扭曲图案填充】复选框控制对象的形状与其图案属性一起扭曲。

10.2.6 扩展与释放封套扭曲

选中封套扭曲对象，然后选择【对象】>【封套扭曲】>【扩展】命令，可以将它扩展为普通的图形，对象仍显示为扭曲后的结果；如果选择【对象】>【封套扭曲】>【释放】命令，则可以释放封套和封套内容，使它们恢复原来的形状。如果封套扭曲是使用【用变形建立】命令或【用网格建立】命令创建的，还会释放出一个封套形状的网格图形。

10.3 综合案例——年历

学习目的：

在本例中，设计制作一款年历，制作过程中会使用渐变网格等功能。

重点难点：

❖ 创建渐变网格

设计制作一款年历，最终效果如图 10.18 所示。

图 10.18　年历

1. 制作数字

01 选择【文件】>【新建】命令（组合键【Ctrl+N】），弹出【新建文档】对话框，设定【宽度】为 30cm、【高度】为 40cm、【颜色模式】为 CMYK，单击【确定】按钮，如图 10.19 所示。

图 10.19　【新建文档】对话框

02 选择工具箱中的【文字工具】（快捷键【T】），在画板上单击并输入文本 "2"，选择工具箱中的【选择工具】（快捷键【V】），选中文本并打开【字符】面板，设置字体为 Arial Bold、字号大小为 251pt、填色颜色为（C80，M70，Y50，K10），如图 10.20 所示。

03 选择工具箱中的【文字工具】（快捷键【T】），在画板上单击并输入文本"1"，选择工具箱中的【选择工具】（快捷键【V】），选中文本并打开【字符】面板，设置字体为 Arial Bold、字号大小为 251pt、填色颜色为（C80，M70，Y50，K10），如图 10.21 所示。

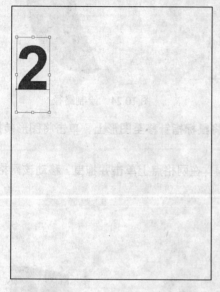

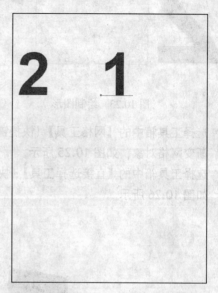

图 10.20 输入文本"2"   图 10.21 输入文本"1"

2. 制作鱼缸

01 选择【渐变】面板，设置【类型】为"径向"，角度为 0，双击【渐变】面板左侧的第一个渐变滑块，依次设置两个滑块的颜色为（C0，M0，Y0，K0）、（C15，M10，Y5，K0），如图 10.22 所示。

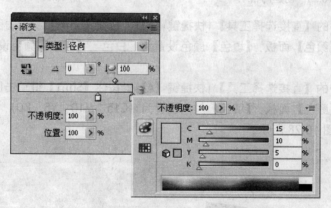

图 10.22 设置滑块颜色

02 选择工具箱中的【钢笔工具】（快捷键【P】），在画面中绘制一个鱼缸轮廓，如图 10.23 所示。

03 选择【颜色】面板，【填色】颜色设置为（C80，M70，Y50，K10），【描边】颜色设置为"无"，选择工具箱中的【钢笔工具】（快捷键【P】），在刚刚绘制的鱼缸轮廓右侧绘制一条路径图形，如图 10.24 所示。

图 10.23 绘制图形　　　　　　　　　　　　图 10.24 绘制路径

04 选择工具箱中的【网格工具】（快捷键【U】），将鼠标指针移至图形上，单击将图形转换为渐变网格对象，如图 10.25 所示。

05 选择工具箱中的【直接选择工具】（快捷键【A】），在网格点上单击并拖曳，移动该网格点，如图 10.26 所示。

图 10.25 创建网格　　　　　　　　　　　　图 10.26 移动网格点

06 选择工具箱中的【直接选择工具】（快捷键【A】），按住【Shift】键单击图形左侧的 4 个网格点，选择【颜色】面板，【填色】颜色设置为"白色"，【描边】颜色设置为"无"，如图 10.27 所示。

07 选择工具箱中的【直接选择工具】（快捷键【A】），按住【Shift】键单击图形中部的两个网格点，选择【颜色】面板，【填色】颜色设置为（C15，M10，Y5，K0），【描边】颜色设置为"无"，如图 10.28 所示。

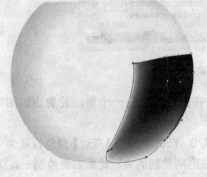

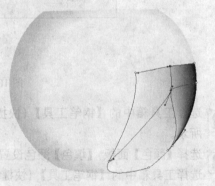

图 10.27 为网格点填色　　　　　　　　　　图 10.28 为网格点填色

08 选择工具箱中的【选择工具】（快捷键【V】），选中网格对象，双击工具箱中的【镜像工具】，打开【镜像】对话框，勾选【垂直】单选项，单击【复制】按钮，如图 10.29 所示。

09 选择工具箱中的【选择工具】（快捷键【V】），将镜像的网格对象移至鱼缸轮廓左侧位置，如图 10.30 所示。

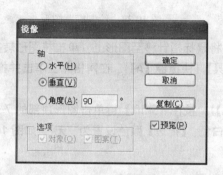

图 10.29 【镜像】对话框

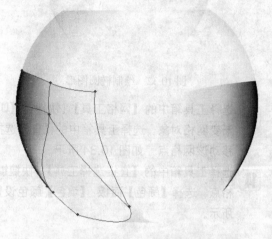

图 10.30 镜像网格对象

10 选择【渐变】面板，设置【类型】为"径向"，角度为 0°，双击【渐变】面板左侧的第一个渐变滑块，依次设置两个滑块的颜色为（C0，M0，Y0，K0）、（C15，M10，Y5，K0），如图 10.31 所示。

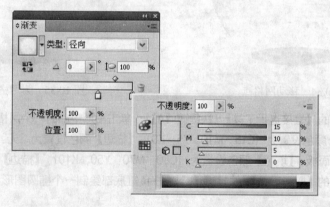

图 10.31 设置滑块颜色

11 选择工具箱中的【椭圆工具】（快捷键【L】），在鱼缸顶部绘制一个椭圆图形，如图 10.32 所示。

12 选择【颜色】面板，【填色】颜色设置为（C80，M70，Y50，K10），【描边】颜色设置为"无"，选择工具箱中的【椭圆工具】（快捷键【L】），在鱼缸底部绘制一个椭圆图形，如图 10.33 所示。

图 10.32　绘制椭圆图形　　　　　　　　　图 10.33　绘制椭圆图形

13 选择工具箱中的【网格工具】(快捷键【U】)，将鼠标指针移至图形上，单击将图形转换为渐变网格对象，选择工具箱中的【直接选择工具】(快捷键【A】)，在网格点上单击并拖曳，移动该网格点，如图 10.34 所示。

14 选择工具箱中的【直接选择工具】(快捷键【A】)，按住【Shift】键单击图形顶部的 7 个网格点，选择【颜色】面板，【填色】颜色设置为白色，【描边】颜色设置为"无"，如图 10.35 所示。

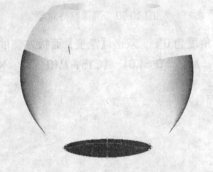

图 10.34　移动网格点　　　　　　　　　图 10.35　为网格点填色

15 选择工具箱中的【直接选择工具】(快捷键【A】)，单击图形中部的一个网格点，选择【颜色】面板，【填色】颜色设置为 (C15，M10，Y5，K0)，【描边】颜色设置为"无"，如图 10.36 所示。

16 选择【颜色】面板，【填色】颜色设置为 (C80，M70，Y50，K10)，【描边】颜色设置为"无"，选择工具箱中的【椭圆工具】(快捷键【L】)，在鱼缸底部绘制一个椭圆图形，如图 10.37 所示。

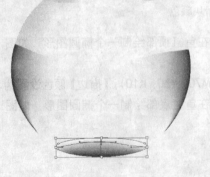

图 10.36　为网格点填色　　　　　　　　　图 10.37　绘制椭圆图形

17 选择工具箱中的【网格工具】(快捷键【U】),将鼠标指针移至图形上,单击将图形转换为渐变网格对象,选择工具箱中的【直接选择工具】(快捷键【A】),在网格点上单击并拖曳,移动该网格点,如图 10.38 所示。

18 选择工具箱中的【直接选择工具】(快捷键【A】),按住【Shift】键单击图形下部的 7 个网格点,选择【颜色】面板,【填色】颜色设置为白色,【描边】颜色设置为"无",如图 10.39 所示。

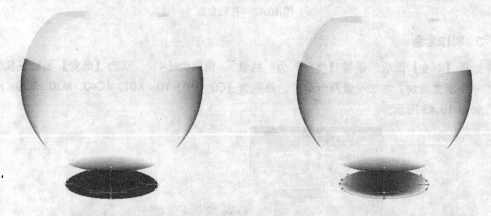

图 10.38　移动网格点　　　　　　　　　　　图 10.39　为网格点填色

19 选择工具箱中的【直接选择工具】(快捷键【A】),单击图形中部的一个网格点,选择【颜色】面板,【填色】颜色设置为(C15,M10,Y5,K0),【描边】颜色设置为"无",如图 10.40 所示。

20 运用同样的方法选择工具箱中的【钢笔工具】(快捷键【P】)和【网格工具】(快捷键【U】)绘制鱼缸中水的波纹,如图 10.41 所示。

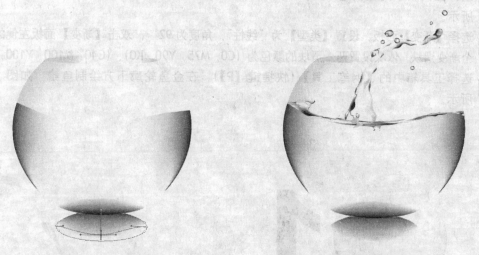

图 10.40　为网格点填色　　　　　　　　　　图 10.41　绘制水波纹

21 选择工具箱中的【选择工具】(快捷键【V】),选中刚刚绘制的鱼缸(除溅起的水花部分),按住【Alt】键将鱼缸移至数字"1"的右侧,缩放到合适大小,如图 10.42 所示。

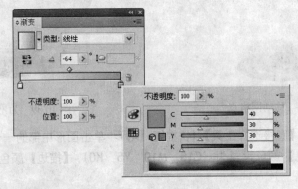

图 10.42 复制鱼缸

3. 制作金鱼

01 选择【渐变】面板，设置【类型】为"线性"，角度为-64°，双击【渐变】面板左侧的第一个渐变滑块，依次设置两个滑块的颜色为（C0，M0，Y0，K0）、（C40，M30，Y30，K0），如图 10.43 所示。

图 10.43 设置滑块颜色

02 选择工具箱中的【钢笔工具】（快捷键【P】），在鱼缸上部绘制金鱼轮廓，如图 10.44 所示。

03 选择【渐变】面板，设置【类型】为"线性"，角度为 92°，双击【渐变】面板左侧的第一个渐变滑块，依次设置两个滑块的颜色为（C0，M75，Y90，K0）、（C40，M100，Y100，K0）。

04 选择工具箱中的【钢笔工具】（快捷键【P】），在金鱼轮廓下方绘制鱼鳍，如图 10.45 所示。

图 10.44 绘制金鱼轮廓

图 10.45 绘制鱼鳍

05 选择工具箱中的【钢笔工具】(快捷键【P】)，在金鱼轮廓上方绘制鱼脊，如图 10.46 所示。

06 选择【颜色】面板，【填色】颜色设置为（C40，M100，Y100，K0），【描边】颜色设置为 "无"，如图 10.47 所示。

图 10.46 绘制鱼脊

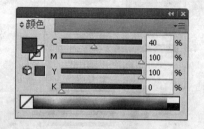

图 10.47 设置颜色

07 选择工具箱中的【钢笔工具】(快捷键【P】)，为金鱼绘制暗影部分，如图 10.48 所示。

08 选择【颜色】面板，【填色】颜色设置为（C7，M0，Y72，K0），【描边】颜色设置为 "无"。

09 选择工具箱中的【钢笔工具】(快捷键【P】)，为金鱼绘制鱼鳍，如图 10.49 所示。

图 10.48 绘制暗影

图 10.49 绘制鱼鳍

10 选择【颜色】面板，【填色】颜色设置为（C0，M45，Y60，K0），【描边】颜色设置为 "无"。

11 选择工具箱中的【钢笔工具】(快捷键【P】)，为金鱼绘制高光部分，如图 10.50 所示。

12 选择【渐变】面板，设置【类型】为 "线性"，角度为 122°，单击渐变滑块空白处新添加一个滑块，如图 10.51 所示。

图 10.50 绘制高光

图 10.51 【渐变】面板

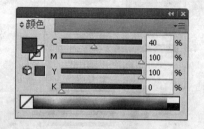

13 双击【渐变】面板左侧的第一个渐变滑块，依次设置 3 个滑块的颜色为（C25，M100，Y100，K0）、（C15，M70，Y100，K0）、（C0，M60，Y90，K0），如图 10.52 所示。

14 选择工具箱中的【钢笔工具】（快捷键【P】），为金鱼绘制鱼鳍，如图 10.53 所示。

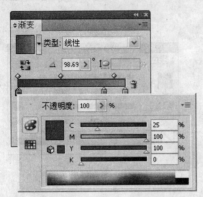

图 10.52 设置滑块颜色

图 10.53 绘制鱼鳍

15 选择工具箱中的【钢笔工具】（快捷键【P】），为金鱼添加细节，如图 10.54 所示。

16 选择【颜色】面板，【填色】颜色设置为（C0，M0，Y0、K100），【描边】颜色设置为"无"，选择工具箱中的【椭圆工具】（快捷键【L】），为金鱼绘制眼睛，如图 10.55 所示。

图 10.54 完善细节

图 10.55 绘制眼睛

17 选择【渐变】面板，设置【类型】为"线性"，角度为-42°，双击【渐变】面板左侧的第一个渐变滑块，依次设置两个滑块的颜色为（C0，M0，Y0，K0）、（C40，M30，Y30，K0），如图 10.56 所示。

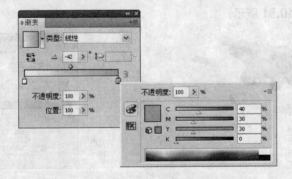

图 10.56 设置滑块颜色

18 选择工具箱中的【椭圆工具】(快捷键【L】),为金鱼绘制眼白,如图 10.57 所示。

19 选择【颜色】面板,【填色】颜色设置为(C0,M0,Y0、K100),【描边】颜色设置为"无",选择工具箱中的【椭圆工具】(快捷键【L】),为金鱼绘制瞳孔,完成金鱼的绘制,如图 10.58 所示。

图 10.57 绘制眼白　　　　　　　　　　　　图 10.58 绘制瞳孔

4 版式设计

01 选择【颜色】面板,【填色】颜色设置为(C80,M70,Y50,K10),【描边】颜色设置为"无",选择工具箱中的【矩形工具】(快捷键【M】),在创意字"2010"下方绘制一个长方矩形,如图 10.59 所示。

02 选择【渐变】面板,设置【类型】为"线性",角度为 0°,双击【渐变】面板左侧的第一个渐变滑块,依次设置两个滑块的颜色为(C35,M92,Y100,K0)、(C10,M80,Y100,K0),如图 10.60 所示。

 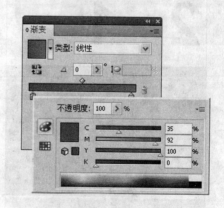

图 10.59 绘制色块　　　　　　　　　　　　图 10.60 设置滑块颜色

03 选择工具箱中的【矩形工具】(快捷键【M】),在画面下方绘制一个长方矩形,如图 10.61 所示。

04 选择【颜色】面板,【填色】颜色设置为(C0、M0、Y0、K0),【描边】颜色设置为"无", 选择工具箱中的【矩形工具】(快捷键【M】),在两个色块衔接处绘制一个长方矩形,如图 **10.62** 所示。

图 10.61　绘制色块　　　　　　　　　　　　图 10.62　绘制色块

05 选择工具箱中的【圆角矩形工具】,在白色块处绘制一个圆角长方矩形,如图 **10.63** 所示。

06 选择【渐变】面板,设置【类型】为"线性",角度为 0°,双击【渐变】面板左侧的第一个 渐变滑块,依次设置两个滑块的颜色为(C35、M92、Y100、K0)、(C10、M80、Y100、K0), 如图 **10.64** 所示。

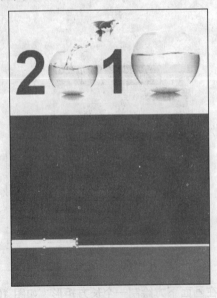
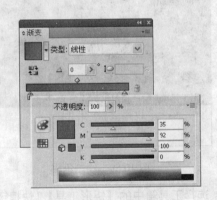

图 10.63　绘制圆角矩形　　　　　　　　　　图 10.64　设置滑块颜色

07 选择工具箱中的【矩形工具】（快捷键【M】），在创意字"2010"下方绘制一个长方矩形，如图 10.65 所示。

08 选择工具箱中的【圆角矩形工具】，在渐变色块左侧绘制一个圆角长方矩形，如图 10.66 所示。

图 10.65　绘制色块

图 10.66　绘制圆角矩形

09 在创意字"2010"下方的色块内输入相应的文字，完成年历的设计，最终效果如图 10.67 所示。

图 10.67　最终效果

10.4 习题

1. 设计电影海报

知识要点提示：

使用渐变网格设计制作一款电影海报，题目自定，如图 10.68 所示。

图 10.68 电影海报参考图

2. 制作立体卡通娃娃

知识要点提示：

使用封套扭曲制作一个立体卡通娃娃，如图 10.69 所示。

图 10.69 卡通娃娃参考图

综合实例——
宣传册设计

Chapter

综合实例是基于基础单元学习完成后的综合训练，体现对知识的综合运用。用户利用客观真实的工作案例进行综合了解，在练习中逐步掌握操作的技能与技巧，提高分析实际问题和解决实际问题的能力。

学习目标：

◈ 灵活掌握 Illustrator CS4 应用软件的综合使用方法

重点难点：

❖ Illustrator CS4 的综合使用

宣传册设计最终效果如图 11.1 所示。

图 11.1　宣传册设计

1. 制作封面底色

01 选择【文件】>【新建】命令（组合键【Ctrl+N】），弹出【新建文档】对话框，设置【画板数量】为 4、【宽度】为 42cm、【高度】为 22cm，【颜色模式】为 CMYK，单击【确定】按钮，如图 11.2 所示。

图 11.2 【新建文档】对话框

02 单击画板导航，在弹出的下拉列表中选择"1"，如图 11.3 所示。

03 按组合键【Ctrl+R】显示文档标尺，右击，在弹出的快捷菜单中取消选择【锁定参考线】命令，如图 11.4 所示。

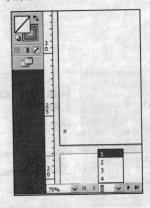

图 11.3 画板导航

图 11.4 取消选择【锁定参考线】命令

04 将鼠标指针放在左边标尺上拖曳出一条垂直参考线，在【对齐】面板中设置对齐方式为【对齐画板】，如图 11.5 所示。

图 11.5 【对齐】面板

05 选择工具箱中的【选择工具】（快捷键【V】），选中垂直参考线，单击【对齐】面板中的【水平居中对齐】按钮，如图 11.6 和图 11.7 所示。

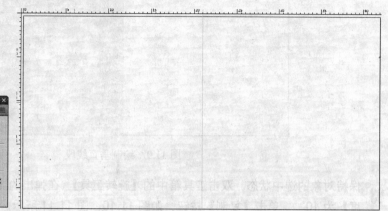

图 11.6 【对齐】面板　　　　　　　图 11.7 居中对齐参考线

06 选择【颜色】面板，将【填色】颜色设置为（C0，M30，Y100，K0），【描边】颜色设置为"无"。

07 选择工具箱中的【矩形工具】（快捷键【M】），绘制一个宽度为 21cm、高度为 22cm 的矩形。

08 单击【对齐】面板中的【水平右对齐】与【垂直居中对齐】按钮，让图形与画板对齐，再拖曳出一条水平参考线，使其垂直居中于面板，如图 11.8 所示。

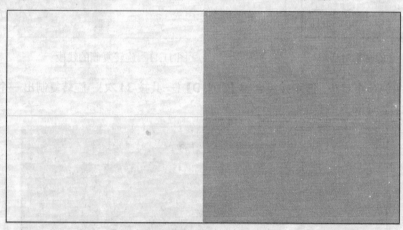

图 11.8 居中对齐图形

09 保持对象的选中状态，选择【对象】>【锁定】>【所选对象】命令（组合键【Ctrl+2】），锁定刚刚绘制的图形。

2. 纹理制作

01 选择【颜色】面板，将【填色】颜色设置为"无"，【描边】颜色设置为（C0，M0，Y0，K60）。

02 选择工具箱中的【直线段工具】（快捷键【\】），按住【Shift】键在合适位置绘制一条高度为 40cm、描边为 0.25pt 的黑色垂直线段，如图 11.9 所示。

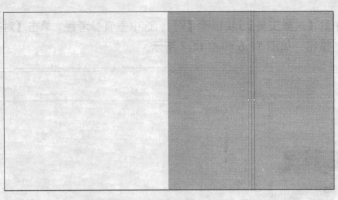

图 11.9　绘制垂直线段

03 保持对象的选中状态，双击工具箱中的【旋转工具】，在弹出的【旋转】对话框中设置【角度】为 10°，单击【复制】按钮，如图 11.10、图 11.11 所示。

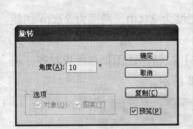

图 11.10　【旋转】对话框　　　　　　　图 11.11　旋转复制的线段

04 保持对象的选中状态，连续按组合键【Ctrl+D】（一共按 34 次），旋转复制出一个新的图形，如图 11.12 所示。

图 11.12　旋转复制

05 按组合键【Ctrl+A】选中全部的线段，选择【对象】>【锁定】>【所选对象】命令（组合键【Ctrl+2】）。

06 选择【颜色】面板，将【填色】颜色设置为（C0，M0，Y0，K20），【描边】颜色设置为"无"。

07 选择工具箱中的【椭圆工具】（快捷键【L】），按住【Shift+Alt】组合键在水平垂直参考线的中心点单击并拖曳绘制一个任意大小的正圆，如图 11.13 所示。

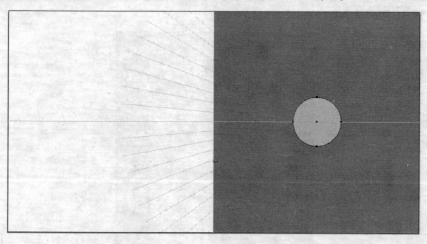

图 11.13　绘制正圆

08 选择【颜色】面板，将【填色】颜色设置为"无"，【描边】颜色设置为（C0，M0，Y0，K100）。

09 选择工具箱中的【直线段工具】（快捷键【\】），按住【Shift】键在合适位置绘制一条高度为 0.5cm、描边为 0.5pt 的垂直线段，单击【对齐】面板中的【水平居中对齐】按钮，让线段与画板居中对齐，如图 11.14 所示。

10 选择工具箱中的【旋转工具】（快捷键【R】），按住【Alt】键单击水平垂直参考线的中心点，在弹出的【旋转】对话框中设置【角度】为 5°，单击【复制】按钮。

11 保持对象的选中状态，连续按组合键【Ctrl+D】（一共按 70 次），旋转复制一个正圆，如图 11.15 所示。

图 11.14　绘制线段

图 11.15　旋转复制

3. 版式设计

01 选择【颜色】面板，将【填色】颜色设置为（C0，M0，Y0，K100），【描边】颜色设置为"无"。

02 选择工具箱中的【椭圆工具】（快捷键【L】），按住【Shift】键绘制一个任意大小的正圆，如图 11.16 所示。

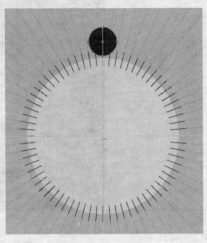

图 11.16　绘制正圆

03 选择工具箱中的【直接选择工具】（快捷键【A】），将刚刚绘制的正圆调整为水滴形状，如图 11.17 所示。

04 选择工具箱中的【文字工具】（快捷键【T】），在文档中输入文本"ARRTCO"，选择工具箱中的【选择工具】（快捷键【V】），选中文本并打开【字符】面板，设置字体为 Arial Narrow、字号大小为 3pt、填色颜色为（C0，M0，Y0，K60），将其移至水滴图形中，如图 11.18 所示。

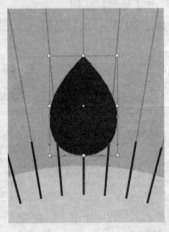

图 11.17　修改图形形状

图 11.18　输入文本

05 保持文字对象的选中状态，选择【对象】>【扩展】命令，在弹出的【扩展】对话框中单击【确定】按钮。

06 保持文字对象的选中状态，选择工具箱中的【选择工具】（快捷键【V】），按住【Shift】键选中水滴图形，选择【对象】>【编组】命令（组合键【Ctrl+G】）将其编组。

07 保持编组对象的选中状态，按住【Alt】键复制一个新的水滴图形。

08 按住【Shift】键等比例缩小新复制的图形为合适大小，将其移至图形的上方。

09 选择工具箱中的【选择工具】(快捷键【V】)，按住【Shift】键选中这两个编组的水滴图形，单击【对齐】面板中的【水平居中对齐】按钮，让线段与画板居中对齐，如图 **11.19** 所示。

10 选择工具箱中的【混合工具】(快捷键【W】)，单击下方的水滴图形，再单击上方的水滴图形，创建一个混合形状，如图 **11.20** 所示。

11 保持混合图形的选中状态，选择工具箱中的【旋转工具】(快捷键【R】)，按住【Alt】键单击水平垂直参考线的中心点，在弹出的【旋转】对话框中设置【角度】为 15°，单击【复制】按钮，如图 **11.21** 所示。

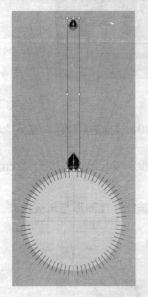
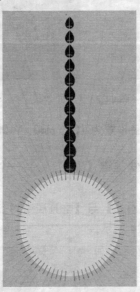

图 11.19　水平居中对齐　　　　图 11.20　混合排列　　　　图 11.21　旋转复制

12 保持对象的选中状态，连续按组合键【Ctrl+D】(一共按 22 次)，旋转复制一个新的图形，如图 **11.22** 所示。

图 11.22　旋转复制

13 选择工具箱中的【文字工具】(快捷键【T】),在文档中输入文本"ARRTCO 10 F/W",选择工具箱中的【选择工具】(快捷键【V】),选中文本并打开【字符】面板,设置字体为 Arial Narrow Bold、字号大小为 25pt、颜色为(C0,M0,Y0,K100),将其移至合适位置,完成宣传册封面的制作,如图 **11.23** 所示。

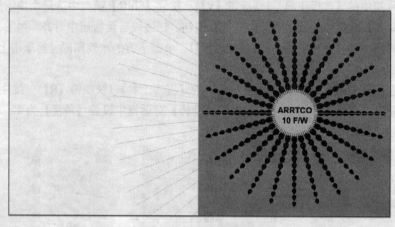

图 11.23　封面效果

14 选择【颜色】面板,将【填色】颜色设置为(C0,M30,Y100,K0),【描边】颜色设置为"无"。

15 选择工具箱中的【矩形工具】(快捷键【M】),绘制一个宽度为 21cm、高度为 22cm 的矩形。

16 单击【对齐】面板中的【水平左对齐】与【垂直居中对齐】按钮,让图形与画板对齐,完成宣传册封底的制作,如图 **11.24** 所示。

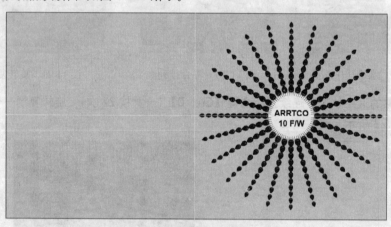

图 11.24　封面封底效果

4. 设定内页 1 参考线

01 单击画板导航,在弹出的下拉列表中选择"2",制作宣传册内页。

02 将鼠标指针放在左边标尺上拖曳出两条垂直参考线,再放在顶部标尺上拖曳出两条水平参考线。

03 选择工具箱中的【选择工具】（快捷键【V】），选中一条垂直参考线，选择【变换】面板，将参考点设置为左靠齐，输入 X 轴数值为 23cm，如图 11.25 所示。

04 选择工具箱中的【选择工具】，选中另一条垂直参考线，在【变换】面板中输入 X 轴数值"19cm"。

05 选择工具箱中的【选择工具】，选中一条水平参考线，选择【变换】面板，将参考点设置为顶靠齐，输入 Y 轴数值为 20cm，如图 11.26 所示。

图 11.25　设置【变换】面板

图 11.26　设置【变换】面板

06 选择工具箱中的【选择工具】，选中另一条水平参考线，在【变换】面板中输入 Y 轴数值"40cm"，完成参考线设置，如图 11.27 所示。

图 11.27　参考线设置

5. 编辑文字

01 选择工具箱中的【文字工具】（快捷键【T】），在画面上方的参考线处单击并输入文本"Downtown Look"，如图 11.28 所示。

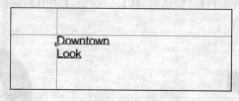

图 11.28　输入文本

02 选择工具箱中的【选择工具】（快捷键【V】），选中文本并打开【字符】面板，设置字体为 Arial Black、字号大小为 85pt、行距为 65pt，如图 11.29 所示。

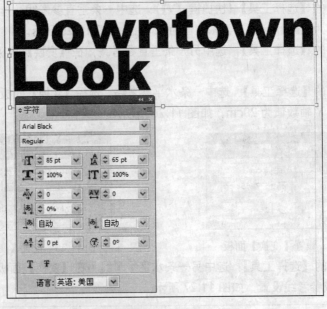

图 11.29　编辑文本

03 保持文字对象的选中状态，选择【文字】>【创建轮廓】命令（组合键【Ctrl+Shift+O】），将文字转换为轮廓，如图 11.30 所示。

04 选择工具箱中的【编组选择工具】，按住【Shift】键将字母 D 与 O 的镂空部分选中，如图 11.31 所示。

图 11.30　将文字转换为轮廓 　　　　　　　　　　　　图 11.31　选中多余部分

05 按【Delete】键删除选中部分后，选择工具箱中的【直接选择工具】（快捷键【A】），将字母 t 上端的斜角调整为水平效果，如图 11.32 所示。

06 选择【颜色】面板，将【填色】颜色设置为白色，【描边】颜色设置为"无"。

07 选择工具箱中的【椭圆工具】（快捷键【L】），按住【Shift】键在字母 O 中绘制一个正圆，如图 11.33 所示。

图 11.32　调整角度

图 11.33　绘制正圆

08 选择工具箱中的【直接选择工具】(快捷键【A】)，将刚刚绘制的正圆调整为水滴形状，如图 11.34 所示。

09 选择工具箱中的【文字工具】(快捷键【T】)，在 Downtown Look 文字下方单击并输入文本"Beijing"。

10 保持文字对象的选中状态，打开【字符】面板，设置字体为 Arial Black、字号大小为 76pt，选择【颜色】面板，将【填色】颜色设置为（C0，M100，Y100，K30），【描边】颜色设置为"无"。

图 11.34　修改图形形状

11 保持文字对象的选中状态，按组合键【Ctrl+Shift+O】，将文字转换为轮廓，选择工具箱中的【编组选择工具】，按住【Shift】键将字母 B、e 与 g 的镂空部分选中，按【Delete】键删除选中部分，如图 11.35 所示。

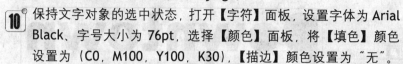

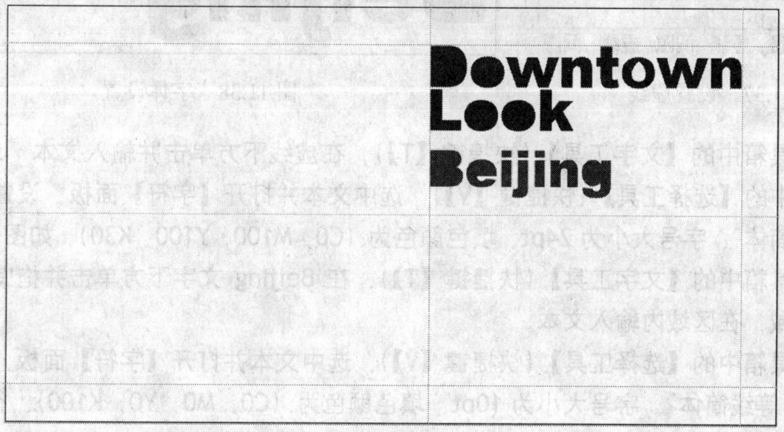

图 11.35　删除选中部分

6. 内页 1 版式设计

01 选择【颜色】面板，【填色】颜色设置为"无"，【描边】颜色设置为（C0，M100，Y100，K30）。

02 选择工具箱中的【钢笔工具】(快捷键【P】)，在画面中绘制一个开放的路径，如图 11.36 所示。

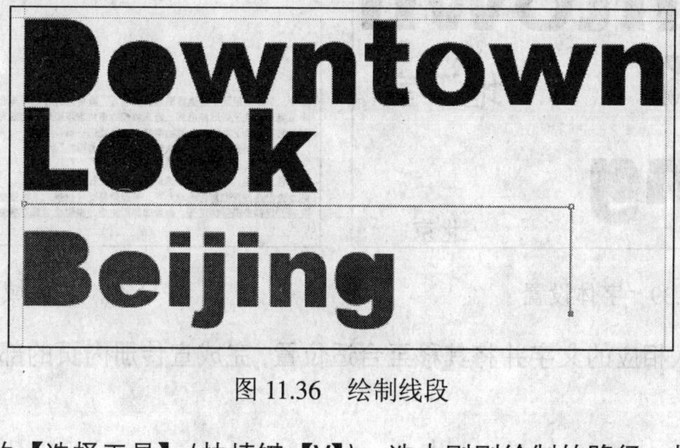

图 11.36　绘制线段

03 选择工具箱中的【选择工具】(快捷键【V】)，选中刚刚绘制的路径，打开【描边】面板，【粗细】设置为 0.5pt，设置【虚线】为 0.05cm，如图 11.37 所示。

Illustrator

04 选择工具箱中的【文字工具】(快捷键【T】),在 Downtown Look 文字下方单击并输入文本"地下室",选择工具箱中的【选择工具】(快捷键【V】),选中文本并打开【字符】面板,设置字体为"方正黑体简体"、字号大小为 36pt、填色颜色为 (C0, M0, Y0, K100),如图 11.38 所示。

图 11.37 设置虚线　　　　　　　　　　　图 11.38 字体设置

05 选择工具箱中的【文字工具】(快捷键【T】),在虚线下方单击并输入文本"北京",选择工具箱中的【选择工具】(快捷键【V】),选中文本并打开【字符】面板,设置字体为"方正黑体简体"、字号大小为 24pt、填色颜色为 (C0, M100, Y100, K30),如图 11.39 所示。

06 选择工具箱中的【文字工具】(快捷键【T】),在 Beijing 文字下方单击并拖曳出一个矩形定界区域,在区域内输入文本。

07 选择工具箱中的【选择工具】(快捷键【V】),选中文本并打开【字符】面板,设置字体为"方正中等线简体"、字号大小为 10pt、填色颜色为 (C0, M0, Y0, K100)、行距为 14pt,如图 11.40 所示。

图 11.39 字体设置　　　　　　　　　　　图 11.40 在区域中输入文本

08 在文档下方输入相应的文字并将其移至合适位置,完成宣传册内页的部分制作,如图 11.41 所示。

图 11.41　文字版式

09 选择【颜色】面板,【填色】颜色设置为(C0,M30,Y100,K0),【描边】颜色设置为"无"。

10 选择工具箱中的【矩形工具】(快捷键【M】),绘制一个宽度为 21cm、高度为 22cm 的矩形。

11 单击【对齐】面板中的【水平左对齐】与【垂直居中对齐】按钮,让图形与画板对齐,完成宣传册内页 1 的制作,如图 **11.42** 所示。

图 11.42　内页 1 版式

7. 绘制内页 2 插画轮廓

01 单击画板导航,在弹出的下拉菜单中选择"3",制作宣传册内页。

02 选择工具箱中的【钢笔工具】(快捷键【P】),在画面中单击并拖曳创建平滑点,绘制两个闭合式路径图形。选择【颜色】面板,【填色】颜色设置为(C50,M80,Y 100,K15),【描边】颜色设置为"无",对路径填色,如图 **11.43** 所示。

03 选择工具箱中的【钢笔工具】(快捷键【P】),在刚刚绘制的轮廓中绘制五官的投影。选择【颜色】面板,【填色】颜色设置为(C50,M80,Y 100,K15),【描边】颜色设置为"无",为路径填色,如图 11.44 所示。

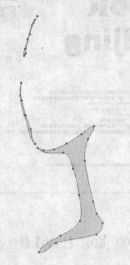 

图 11.43　轮廓　　　　　　　　　　　　　　　　图 11.44　绘制五官投影

04 选择工具箱中的【钢笔工具】(快捷键【P】),分别在额头处绘制两条眉毛的闭合式路径图形。选择【颜色】面板,【填色】颜色设置为(C60,M80,Y100,K40),【描边】颜色设置为"无",为路径填色,如图 11.45 所示。

05 选择工具箱中的【钢笔工具】(快捷键【P】),分别在眉毛处绘制两只眼睛的闭合式路径图形。选择【颜色】面板,【填色】颜色设置为(C60,M80,Y100,K40),【描边】颜色设置为"无",为路径填色,如图 11.46 所示。

06 选择工具箱中的【钢笔工具】(快捷键【P】),在额头处绘制头发的路径图形。选择【颜色】面板,【填色】颜色设置为(C60,M80,Y100,K40),【描边】颜色设置为"无",为路径填色,如图 11.47 所示。

图 11.45　绘制眉毛　　　　　　　图 11.46　绘制眼睛　　　　　　　图 11.47　绘制头发

8. 绘制嘴唇

01 单击【图层】面板中的【创建新图层】按钮，新建"图层 2"图层，如图 11.48 所示。

02 选择工具箱中的【钢笔工具】（快捷键【P】），在"图层 2"图层中绘制嘴唇的闭合式路径图形，如图 11.49 所示。

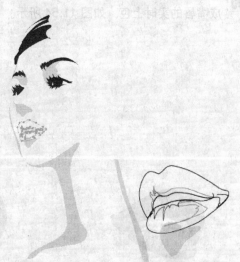

图 11.48　【图层】面板　　　　　　　　　　图 11.49　绘制嘴唇轮廓

9. 使用【实时上色工具】给嘴唇上色

01 选择工具箱中的【选择工具】（快捷键【V】），将嘴唇选中，选择【对象】>【实时上色】>【建立】命令创建为一个实时上色组，如图 11.50 所示。

02 选择工具箱中的【实时上色工具】（快捷键【K】），选择【颜色】面板，【填色】颜色设置为（C35，M90，Y60，K0），【描边】颜色设置为"无"，在嘴唇中填充主色，如图 11.51 所示。

图 11.50　创建实时上色组　　　　　　　　　图 11.51　为嘴唇填充主色

03 选择【颜色】面板，【填色】颜色设置为（C35，M90，Y60，K10），【描边】颜色设置为"无"，在嘴唇中填充辅色，如图 11.52 所示。

04 选择【颜色】面板，【填色】颜色设置为（C25，M50，Y40，K0），【描边】颜色设置为"无"，继续为嘴唇填充辅色，如图 11.53 所示。

05 选择工具箱中的【选择工具】（快捷键【V】），将嘴唇选中，【描边】颜色设置为"无"，完成嘴唇的实时上色，如图 11.54 所示。

图 11.52　为嘴唇填充辅色　　　　图 11.53　继续为嘴唇填充辅色　　　　图 11.54　上色结果

10. 绘制头部装饰

01 单击【图层】面板中的【创建新图层】按钮，新建"图层 3"图层，选择工具箱中的【钢笔工具】（快捷键【P】），在头部绘制一些花瓣形状路径图形。选择【颜色】面板，【填色】颜色设置为（C20，M0，Y45，K0），【描边】颜色设置为"无"，如图 11.55 所示。

02 选择工具箱中的【选择工具】（快捷键【V】），将"图层 3"图层中的花瓣全部选中，选择【对象】>【实时上色】>【建立】命令创建为一个实时上色组，如图 11.56 所示。

图 11.55　绘制装饰图形　　　　　　　　图 11.56　创建实时上色组

03 选择工具箱中的【实时上色工具】(快捷键【K】)，选择【颜色】面板，【填色】颜色设置为（C0，M10，Y60，K0），【描边】颜色设置为"无"，在花瓣中依据个人的喜好为部分花瓣填充颜色，如图 11.57 所示。

04 在"图层 2"与"图层 3"图层之间创建"图层 4"图层，选择工具箱中的【钢笔工具】(快捷键【P】)，继续绘制花瓣图形。选择【颜色】面板，【填色】颜色设置为（C60，M80，Y100，K40），【描边】颜色设置为"无"，完成时尚插画的绘制，如图 11.58 所示。

图 11.57　上色结果

图 11.58　内页插画效果

11. 版式设计

01 选择【颜色】面板，【填色】颜色设置为（C0，M0，Y0，K20），【描边】颜色设置为"无"。

02 选择选择工具箱中的【矩形工具】(快捷键【M】)，绘制一个宽度为21cm、高度为22cm的矩形。

03 单击【对齐】面板中的【水平右对齐】与【垂直居中对齐】按钮，让图形与画板对齐，完成宣传册封底的制作，如图 11.59 所示。

图 11.59　完成封底

04 选择【颜色】面板,【填色】颜色设置为（C0,M0,Y0,K40）,【描边】颜色设置为无,
选择工具箱中的【矩形工具】(快捷键【M】),在画面的右上角绘制几条长短不一的矩形,
如图 11.60 所示。

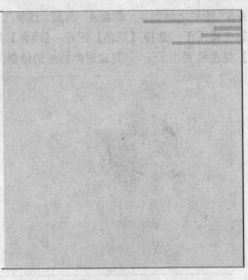

图 11.60　绘制矩形

05 在灰色矩形条中添加相关文字,完成内页 2 的设计工作,如图 11.61 所示。

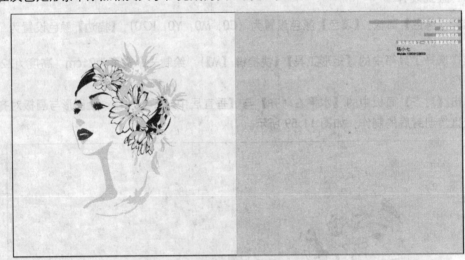

图 11.61　内页 2 版式

12. 内页 3 蒙版抠图

01 单击画板导航,在弹出的下拉菜单中选择"4",制作宣传册内页。

02 单击【图层】面板中的【创建新图层】按钮,创建"图层 5"图层,选择【文件】>【置入】
命令,打开"光盘/素材/第 11 章/01.jpg"文件,单击【置入】按钮。

03 选择工具箱中的【钢笔工具】(快捷键【P】),沿卡通造型的轮廓绘制出路径,如图 11.62
所示。

04 保持路径对象的选中状态，单击【图层】面板中的【建立/释放剪切蒙版】按钮创建剪切蒙版，如图 11.63 所示。

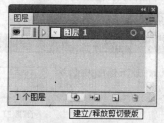

图 11.62　绘制路径

图 11.63　创建剪切蒙版

13. 字体设计

01 单击【图层】面板中的"图层 1"图层，选择工具箱中的【文字工具】(快捷键【T】)，在画面左侧单击并输入文本 Design。

02 选择工具箱中的【选择工具】(快捷键【V】)，选中文本并打开【字符】面板，设置字体为 Arial Black、字号大小为 113pt、字距为-100pt，如图 11.64 所示。

03 保持文字对象的选中状态，按组合键【Ctrl+Shift+O】将文字转换为轮廓，选择工具箱中的【编组选择工具】，按住【Shift】键将字母 D、e 与 g 的镂空部分选中，按下【Delete】键删除选中部分，如图 11.65 所示。

图 11.64　编辑文本

图 11.65　删除选中部分

04 选择工具箱中的【选择工具】(快捷键【V】)，选中文本，选择【颜色】面板，【填色】颜色设置为 (C0，M0，Y0，K0)，【描边】颜色设置为"无"。

05 保持文字对象的选中状态，选择【效果】>【风格化】>【投影】命令，在弹出的【投影】对话框中设置【模式】为"正常"，【不透明度】为 46%，其他选项保持默认，单击【确定】按钮，如图 11.66 所示。

图 11.66　【投影】对话框

06 单击【图层】面板中的【创建新图层】按钮，创建"图层6"图层，选择【文件】>【置入】命令，打开"光盘/素材/第7章/贴士1.ai"文件，单击【置入】按钮，在弹出的【置入PDF】对话框中设置【裁剪到】为"边框"，单击【确定】按钮，如图11.67所示。

07 用同样的方法将素材"贴士2.ai"也置入"图层6"图层中，选择工具箱中的【选择工具】（快捷键【V】），单击刚刚置入的两个贴士图形，拖曳移至合适位置，如图11.68所示。

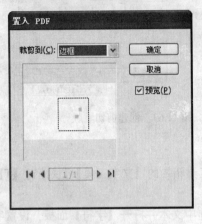

图 11.67　【置入 PDF】对话框　　　　　　　图 11.68　置入移动图形

08 单击【图层】面板中的"图层5"图层，单击并将其拖曳到"图层1"图层下方，使卡通图形位于文本的上方。

14. 绘制卡通头部

01 选择【颜色】面板，【填色】颜色设置为（C0，M15，Y15，K0），【描边】颜色设置为（C15，M35，Y45，K0），打开【描边】面板，设置【粗细】为0.5pt。

02 选择工具箱中的【钢笔工具】（快捷键【P】），在画面中单击并拖曳创建平滑点，绘制一个闭合式路径图形如图11.69所示。

03 选择【颜色】面板，【填色】颜色设置为（C15，M35，Y45，K0），【描边】颜色设置为"无"。

04 选择工具箱中的【钢笔工具】（快捷键【P】），分别在额头处绘制两条眉毛的闭合式路径图形如图11.70所示。

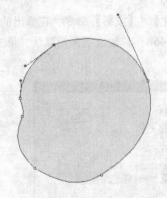

图 11.69　绘制卡通娃娃头部轮廓　　　　　　图 11.70　绘制卡通娃娃眉毛

05 选择【颜色】面板,【填色】颜色设置为(C15,M35,Y45,K0),【描边】颜色设置为"无"。

06 选择工具箱中的【钢笔工具】(快捷键【P】),在头部轮廓中绘制鼻子和耳朵两个闭合式路径图形如图 11.71 所示。

07 选择【颜色】面板,【填色】颜色设置为(C50,M65,Y80,K10),【描边】颜色设置为(C15,M70,Y80,K20),打开【描边】面板,设置【粗细】为 1pt。

08 选择工具箱中的【钢笔工具】(快捷键【P】),在头部轮廓的顶部绘制头发的闭合式路径图形,如图 11.72 所示。

图 11.71 卡通娃娃鼻子和耳朵

图 11.72 绘制卡通娃娃的头发

09 选择【颜色】面板,【填色】颜色设置为(C0,M20,Y10,K0),【描边】颜色设置为(C15,M40,Y20,K0),打开【描边】面板,设置【粗细】为 1.5pt。

10 选择工具箱中的【钢笔工具】(快捷键【P】),在头部轮廓中绘制嘴巴的路径图形如图 11.73 所示。

11 选择【颜色】面板,【填色】颜色设置为"白色",【描边】颜色设置为(C0,M0,Y0,K20),打开【描边】面板,设置粗细为 1pt。

12 选择工具箱中的【钢笔工具】(快捷键【P】),在嘴巴轮廓中绘制牙齿的闭合式路径图形,如图 11.74 所示。

图 11.73 绘制卡通娃娃的嘴巴

图 11.74 绘制卡通娃娃的牙齿

13 选择【颜色】面板,【填色】颜色设置为(C0,M50,Y20,K0),【描边】颜色设置为(C15,M60,Y35,K0),打开【描边】面板,设置【粗细】为 1pt。

14 选择工具箱中的【钢笔工具】(快捷键【P】),在嘴巴轮廓中绘制舌头的闭合式路径图形,如图 11.75 所示。

15 选择【颜色】面板，【填色】颜色设置为【白色】，【描边】颜色设置为（C0，M0，Y0，K30），打开【描边】面板，设置【粗细】为1pt。

16 选择工具箱中的【椭圆工具】（快捷键【L】），在头部轮廓中绘制眼睛的闭合式路径图形，如图11.76所示。

图11.75 绘制卡通娃娃的舌头　　　　图11.76 绘制卡通娃娃的眼睛

17 选择【颜色】面板，【填色】颜色分别设置为"黑色"和"白色"，【描边】颜色设置为"无"。

18 选择工具箱中的【椭圆工具】（快捷键【L】），在眼睛轮廓中绘制瞳孔和瞳孔反光的闭合式路径图形，如图11.77所示。

19 选择【颜色】面板，【填色】颜色设置为（C0，M50，Y20，K0），【描边】颜色设置为"无"。

20 选择工具箱中的【椭圆工具】（快捷键【L】），在头部轮廓中绘制腮红的闭合式路径图形，如图11.78所示。

图11.77 绘制卡通娃娃的瞳孔　　　　图11.78 绘制卡通娃娃的腮红

21 选择【颜色】面板，【填色】颜色设置为（C0，M30，Y10，K0），【描边】颜色设置为"无"。

22 选择工具箱中的【椭圆工具】（快捷键【L】），在腮红轮廓中绘制腮红高光的闭合式路径图形，如图11.79所示。

23 选择【颜色】面板，【填色】颜色设置为（C0，M20，Y20，K0），【描边】颜色设置为"无"。

24 选择工具箱中的【钢笔工具】（快捷键【P】），在头部轮廓中绘制阴影的闭合式路径，如图11.80所示。

图 11.79　绘制卡通娃娃的腮红高光

图 11.80　卡通娃娃的头部整体效果

15. 绘制围嘴

01 选择【颜色】面板，【填色】颜色设置为（C0，M30，Y70，K0），【描边】颜色设置为"无"。

02 选择工具箱中的【钢笔工具】（快捷键【P】），在头部轮廓的下方绘制一个闭合式路径图形。选择工具箱中的【选择工具】（快捷键【V】），选中刚刚绘制的图形，按住【Ctrl+Shift+[】组合键将其移至最底层，如图 11.81 所示。

03 选择【颜色】面板，【填色】颜色设置为（C0，M40，Y80，K0），【描边】颜色设置为（C0，M40，Y80，K20），打开【描边】面板，设置【粗细】为 2pt。

04 选择工具箱中的【钢笔工具】（快捷键【P】），在头部轮廓的下方绘制一个闭合式路径图形。选择工具箱中的【选择工具】（快捷键【V】），选中刚刚绘制的图形，按住【Ctrl+Shift+[】组合键将其移至最底层，如图 11.82 所示。

图 11.81　绘制卡通娃娃的围嘴

图 11.82　绘制卡通娃娃的围嘴

05 选择【颜色】面板，【填色】颜色设置为（C0，M0，Y60，K0），【描边】颜色设置为"无"。

06 选择工具箱中的【钢笔工具】（快捷键【P】），在头部轮廓的下方绘制一个闭合式路径图形。选择工具箱中的【选择工具】（快捷键【V】），选中刚刚绘制的图形，按住【Ctrl+Shift+[】组合键将其移至最底层，如图 11.83 所示。

07 选择【颜色】面板，【填色】颜色设置为（C10，M0，Y80，K0），【描边】颜色设置为（C10，M0，Y80，K20），打开【描边】面板，设置【粗细】为 2pt。

图 11.83　卡通娃娃的围嘴

08 选择工具箱中的【钢笔工具】（快捷键【P】），在头部轮廓的下方绘制一个闭合式路径图形。选择工具箱中的【选择工具】（快捷键【V】），选中刚刚绘制的图形，按住【Ctrl+Shift+[】组合键将其移至最底层，完成卡通娃娃的绘制，如图 11.84 所示。

图 11.84　娃娃整体效果

16. 制作底图

01 选择【颜色】面板,【填色】颜色设置为 (C0, M30, Y100, K0),【描边】颜色设置为"无"。

02 选择工具箱中的【矩形工具】(快捷键【M】),绘制一个宽度为 21cm、高度为 22cm 的矩形。

03 单击【对齐】面板中的【水平右对齐】与【垂直居中对齐】按钮,让图形与画板对齐,按住【Ctrl+Shift+I】键将其移至最底层,完成宣传册的整体制作,如图 11.85 和图 11.86 所示。

图 11.85　内页 3 效果

图 11.86　宣传册最终效果